无废生活 从我做起

生态环境部宣传教育中心
组织编写

全国百佳图书出版单位

化学工业出版社

·北京·

内 容 简 介

本书结合生活普及无废城市与无废生活相关知识，分为上下篇，上篇主要涉及无废城市的相关概念、目标、案例，无废城市与无废生活等；下篇结合衣、食、住、行等为广大读者的无废生活行动提供具体指导。

本书可作为大众读者了解无废生活和无废城市的知识读本，也可作为普及无废城市和无废生活知识的教材。

图书在版编目（CIP）数据

无废生活从我做起／生态环境部宣传教育中心组织编写.—北京：化学工业出版社，2023.1
ISBN 978-7-122-42386-3

Ⅰ.①无… Ⅱ.①生…Ⅲ.①垃圾处理－普及读物
Ⅳ.①X705-49

中国版本图书馆CIP数据核字（2022）第195241号

责任编辑：左晨燕　　　　　　　　　　装帧设计：溢思视觉设计／李申
责任校对：赵懿桐　　　　　　　　　　　　　　　E-mail: isstudio@126.com　Li Shen

出版发行：化学工业出版社
　　　　　（北京市东城区青年湖南街13号　邮政编码100011）
印　　装：北京瑞禾彩色印刷有限公司
787mm×1092mm　1/16　印张13$\frac{1}{2}$　字数287千字
2023年5月北京第1版第1次印刷

购书咨询：010-64518888
售后服务：010-64518899
网　　址：http://www.cip.com.cn
凡购买本书，如有缺损质量问题，本社销售中心负责调换。

定　　价：85.00元　　　　　　　　　　版权所有　违者必究

前言

亲爱的读者朋友：

当您翻开这本读物时，是否对四个字产生了好奇："无废生活"。当前，"生态文明""无废城市""绿色生活""零废弃""断舍离"等词语频繁地出现在我们的视野中；"环境保护""生态健康""可持续发展"等词语您也一定不会觉得陌生，这是为什么呢？

今天我们有幸拿到这本由中华环境保护基金会、生态环境部宣传教育中心与百事集团于2020—2023年在中国7个城市（北京、上海、广州、武汉、德阳、威海、杭州）开展的"无废校园建设及公众教育项目"为我们提供的科普读物。项目组期望通过这本科普读物的出版在全国范围内传播"无废"理念和知识，通过"无废家庭""无废社区"等"无废细胞"的创建，助力中国"无废城市"建设。

随着人类对自然资源肆意的挥霍，世界生态环境面临种种潜在威胁。我国目前生态环境面临着水土流失、沙漠化迅速发展、草原退化加剧、森林资源锐减、生物物种加速灭绝、地下水位下降、水体污染明显加重、大气污染严重、环境污染向农村蔓延等诸多潜在问题，这些都是影响人类可持续发展的最直接且致命的因素。面对现在受到损坏的生态环境，人类的可持续发展又会面临怎样的挑战呢？

您心中很多的疑惑、想了解的相关知识都会在这本科普读物中找到答案！这本科普读物会对"无废城市"的建设意义和标准、如何建设"无废城市"以及如何在生活中点点滴滴践行"无废生活"新方式，通过通俗易懂的文字，内容丰富的图片，结合日常生活的案例，全方面地进行分享、展示及解析。

建设"无废城市"为人类可持续发展奠定了坚实的基础，而人类要想健康、安全、快乐地持续发展，需要我们每人践行"无废生活"的行动！让我们一起从阅读这本读物开始，把您学到的、看到的、了解到的相关知识落实到日常"无废生活"的行动中！让每个人的行动成为我们留给地球最有价值的财富！

编者

2022.6

目录

目录

上篇

"无废城市"

的建设

1 "无废城市" 的概念

亲爱的朋友们，随着经济建设的不断发展，人们的生活水平和生活质量都得到了快速提升，居民生活实现老有所依，老有所养。当我们生活质量不断提高的时候，我们随处可以听到低碳、碳达峰、碳中和、无废城市、环境保护等字眼。为什么这些词会频繁出现在政府会议中、新闻中、媒体宣传中、百姓的生活中、孩子们的课堂中呢？因为我们意识到，人类可持续发展与自然环境是息息相关的，人类与自然的关系是你中有我，我中有你。为了能让人类更健康、更安全，需要我们结合现代科学技术创新，打造"无废城市"，提倡绿色生活新方式。只有生态环境健康与安全，我们人类才能持续发展下去。因此，我们要树立对自然生态环境尊重的态度，用我们的行动与自然和谐共生！

说到"无废城市"这个词，我们并不陌生，但什么是"无废城市"？"无废城市"怎么建设？"无废生活"是什么样的生活方式呢？让我们带着这些疑问、好奇与期待，一起寻找答案吧！

1.1 "无废城市"的提出

2019年7月18日CCTV-2财经频道第一时间节目报道了关于四川省成都市生活垃圾的新闻（图1-1和图1-2）。成都市拥有1600多万常住人口，每天要产生的生活垃圾多达1.7万吨，平均每个成都人一天就要产生1.1千克的生活垃圾，如此多的垃圾，现在已经成为这个城市最为头疼的大事之一。

图1-1 成都长安生活垃圾卫生填埋场　　图1-2 成都都江堰生活垃圾卫生填埋场

像成都一样面临垃圾之困的城市一定不在少数。我国是世界上人口最多、产生固体废物量最大的国家，每年新增固体废物100亿吨左右，历史堆存总量高达600亿～700

亿吨。固体废物产生强度高、利用不充分，既污染了环境，又浪费了资源，与人们日益增长的优美生态环境需要存在较大差距。

在废弃物管理方面，我国很早就开始了废弃物的减量化和资源化管理。1995 年我国首次发布《中华人民共和国固体废物污染环境防治法》，后经过 5 次修订/修正，最近一次修订于 2020 年 4 月 29 日通过。其从固体废物污染环境防治应遵循的客观规律出发，提出固体废物污染环境防治坚持减量化、资源化和无害化原则。2008 年 8 月，全国人大常委会通过《中华人民共和国循环经济促进法》，自 2009 年 1 月 1 日起实施，2018 年 10 月进行了修正，强调在生产、流通和消费等过程中进行减量化、再利用、资源化。

2018 年底，国务院办公厅印发《"无废城市"建设试点工作方案》，旨在从城市整体层面深化固体废物综合管理改革。2019 年 4 月，生态环境部公布了"11 + 5"个"无废城市"建设试点。2021 年《"十四五"时期"无废城市"建设工作方案》提出推动 100 个左右地级及以上城市开展"无废城市"建设。

知识链接

"无废"，又称"零废""零废弃""零废物"，最早由美国环境学者保罗·帕尔默（Paul Palmer）在 20 世纪 70 年代初提出。保罗·帕尔默是一位毕业于耶鲁大学的化学博士。他在美国圣弗朗西斯科湾区观察到正在崛起的硅谷扔掉的垃圾中，有不少纯度很高、可以重复利用的化学品，于是创立了一家名为"零废弃系统"的公司，专门收集和利用这些废弃物。这家公司给保罗·帕尔默带来了世界性的声誉。这家公司虽然后来由于非商业原因停止了运作，但它仍获得了当时"唯一一家用通用方法重复利用所有化学品的公司"的美誉。

1.2 "无废城市"建设的意义

随着经济的发展，废弃物的产生也越来越多。一方面，收入的提升和城市化进程的加快，我们总在买、买、买；另一方面，工、农业在制造产品的同时，也产生大量的废弃物。此外，城市不断扩张，体系越来越复杂，管理难度越来越大，而有限的城市空间使废弃物的处理越来越困难。

"无废城市"建设试点工作是党中央、国务院在打好污染防治攻坚战、决胜全面建成小康社会关键阶段作出的重大改革部署，是深入贯彻习近平生态文明思想和全国生态环境保护大会精神的具体行动，是提升生态文明、建设美丽中国的重要举措，是在城市层面统筹落实《固体废物污染环境防治法》《循环经济促进法》《清洁生产促进法》，融会贯通"减量化""资源化""无害化"的具体实践。

"无废城市"建设有利于解决城市固体废物污染问题，提高人民群众对生态环境质量改善的获得感；有利于深化固体废物管理制度改革，探索建立长效体制机制；有利于加快城市发展方式转变，推动经济高质量发展。推进"无废城市"建设，对推动固体废物源头减量、资源化利用和无害化处理，促进城市绿色发展转型，提高城市生态环境质量，提升城市宜居水平具有重要意义。

知识链接

2015年，在第70届联合国大会上通过了包括17项可持续发展目标（SDGs）和169项具体目标为核心内容的《变革我们的世界：2030年可持续发展议程》，旨在以综合方式全面解决社会、经济和环境3个维度的发展问题，从而使人类全面走向可持续发展的道路。议程提出的17项可持续发展目标中有4项目标与废弃物管理相关，分别从水和环境卫生、城市和人类住区、消费和生产模式、海洋和海洋资源的可持续角度提出了废弃物的管理目标，其中第11.6项具体目标强调通过城市废弃物管理等手段，在2030年减少城市人口对环境的人均负面影响（图1-3）。

图1-3　第70届联合国大会上通过的17项可持续发展目标

1.3　"无废城市"的内涵

说了半天"无废城市"，"无废城市"究竟是什么？是不产生废弃物了？还是废弃物都处理了没有废弃物了？

《"无废城市"建设试点工作方案》指出，"无废城市"是以创新、协调、绿色、开放、共享的新发展理念为引领（图1-4），通过推动形成绿色发展方式和生活方式，持续推进固体废物源头减量和资源化利用，最大限度减少填埋量，将固体废物环境影响降至最低的城市发展模式。

需要注意的是，我国要建设的"无废城市"并不是没有固体废物产生，也不意味着固体废物能完全资源化利用，而是一种先进的城市管理理念，旨在最终实现整个城市固体废物产生量最小、资源化利用充分、处置安全的目标，需要长期探索与实践（图1-4）。

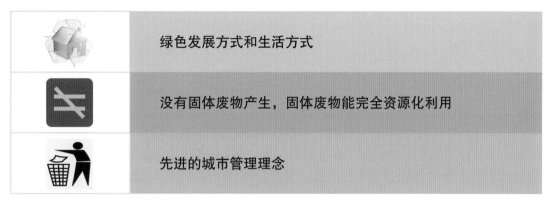

	绿色发展方式和生活方式
	没有固体废物产生，固体废物能完全资源化利用
	先进的城市管理理念

图 1-4   "无废城市"内涵

知识链接

从国际上看，"无废城市"尚无统一定义。2002年，新西兰零废弃信托基金阐述了"无废"的概念："无废是一个新的目标，寻求重新设计资源和材料在社会中的流动方式，形成一体化的循环系统。无废理念既包括追求回收最大化、废弃物最小化的末端解决方案，也包括考虑产品再使用、维修和回收，使材料重新回到自然系统或投入市场的产品设计理念。无废理念是一个美好的愿景，重新设计工业体系，使我们不再把大自然看作是无穷无尽的材料供应来源。"

非政府组织国际零废弃联盟在2004年给出了"无废"的工作定义，并在2009年将该定义修订为："无废是一个符合伦理、经济、高效、有远见的目标，引导人们改变日常生活方式和做法，以效仿自然界可持续的循环，所有废弃的材料都设计成可供其他过程使用的资源。无废理念要求系统地设计和管理产品及过程，避免和减少原材料使用量、废物产生量，减少原材料和废物中的有毒物质，保存或回收所有资源，而不是以焚烧或填埋的方式处理废物。"

"无废"也好，"零废""零废弃""零废弃物"也好，各国提出的"无废城市"相关的固体废物管理概念，首先是一种管理理念。这种理念以方案、规划、计划、蓝图、倡议等形式提出或推进，是一种发展指引，具有倡导和鼓励的性质。

无论"无废城市"的定义如何，理念是相同的。最终实现整个城市垃圾产生量最小、资源化利用充分、处置安全的目标。"无废城市"是一种城市发展模式，是一种先进的城市管理理念。"无废城市"的核心是为了建设一种新的经济体系和社会发展模式，从根本上解决自然资源瓶颈以及废弃物处置对稀缺土地资源的占用问题。说到底，建设"无废城市"是为了让城市实现可持续发展、让人民生活更美好。

1.4 "无废城市"建设的目标及指标

"无废城市"建设不可能一蹴而就，全国300多个地级城市也不可能齐头并进，其长效机制建设需要一个探索的过程，其原则是试点先行与整体协调推进相结合、先易后难、分步推进。

1.4.1 "无废城市"建设试点的目标及指标

"无废城市"建设试点工作的目标是，到2020年，系统构建"无废城市"建设指标体系，探索建立"无废城市"建设综合管理制度和技术体系，试点城市在固体废物重点领域和关键环节取得明显进展，具体目标见图1-5。通过在试点城市深化固体废物综合管理改革，总结试点经验做法，形成一批可复制、可推广的"无废城市"建设示范模式，为推动建设"无废社会"奠定良好基础。

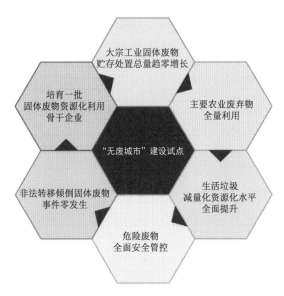

图 1-5   "无废城市"建设试点目标

2019年，生态环境部会同相关部门制定印发了《"无废城市"建设指标体系（试行）》（环办固体函〔2019〕467号），提出试点城市可结合自身城市发展定位、试点建设实际需求等，科学设定各项指标于2020年达到的目标值，但不应低于国家、所在省（区、市）的要求。

例如，重庆市主城区是"无废城市"建设试点之一（图1-6），其"无废城市"建设试点的工作目标中提到：到2020年，重庆市主城区"无废城市"建设试点工作目标全面完成。一般工业固体废物综合利用率从45%提升至50%；危险废物规范化考核合格率达到95%以上；废弃农膜回收率达到82%以上；生活垃圾分类收运系统覆盖率从22.5%提升至50%，生活垃圾回收利用率从22%提升至35%；分类收运餐厨垃圾资源化利用率达到100%；原生生活垃圾基本实现"零填埋"；建筑垃圾规范消纳率100%。到2025年，"无废城市"初步建成，城市生活垃圾分类收运系统覆盖率达到100%。到2035年，固体废物管理达到中等发达国家水平，形成将固体废物环境影响降至最低的城市发展模式。

图1-6　重庆市主城区"无废城市"建设试点宣传画

1.4.2　"十四五"时期"无废城市"建设目标及指标

"十四五"期间将在总结建设试点的基础上，大力推广"无废城市"建设的理念和管理方式。2021年《"十四五"时期"无废城市"建设工作方案》提出，推动100个左右地级及以上城市开展"无废城市"建设，到2025年，"无废城市"固体废弃物产生强度较快下降，综合利用水平显著提升，无害化处置能力有效保障，减污降碳协同增效作用充分发挥，基本实现固体废物管理信息"一张网"，"无废"理念得到广泛认同，固体废物治理体系和治理能力得到明显提升。

《"无废城市"建设指标体系（2021年版）》，以创新、协调、绿色、开放、共享的发展理念为引领，坚持科学性、系统性、可操作性和前瞻性原则，由5个一级指标、17个二级指标和58个三级指标组成（图1-7）。一级指标主要包括固体废物源头减量、资源化利用、最终处置、保障能力、群众获得感5个方面。二级指标主要覆盖工业、农业、建筑业、生活领域固体废物的减量化、资源化、无害化，以及制度、市场、技术、监管体系建设与群众获得感等17个方面。三级指标划分为两类：第Ⅰ类为必选指标（标注★），共25项；第Ⅱ类为可选指标，共33项。此外，各地可结合自身发展定位、发展阶段、资源禀赋、产业结构、经济技术基础等差异性，聚焦减污降碳协同增效，自行设置自选指标。

朋友们，通过上面的内容，我们看到了国家建设"无废城市"的决心与力度；了解了"无废城市"的概念和建设目标；也明白了"无废生活"将是我们未来生活的新方式，只有推行这样的生活新方式，我们才能解决现在遇到的生态环境瓶颈问题，才能解决很多现在生态环境对人类社会可持续发展产生的不良影响问题；只有人类自然和谐共生，我们才能更健康更安全更快乐地生活！让我们随着对"无废城市"更多的了解一起参与到打造"无废城市"的行动中！

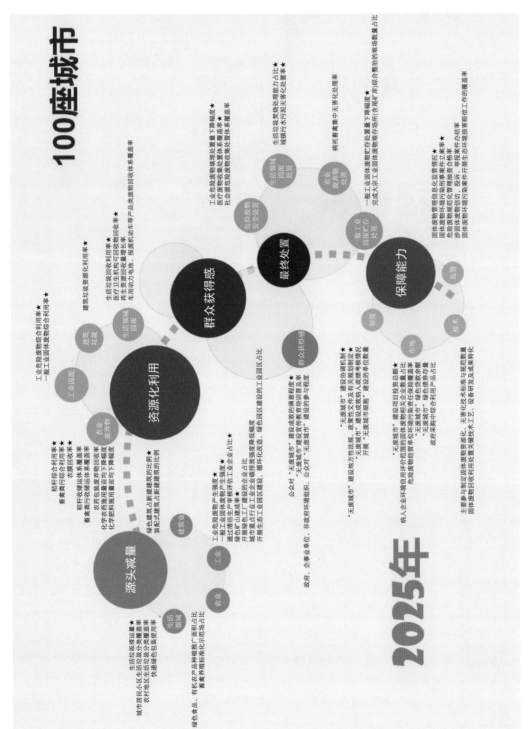

图 1-7 "无废城市"建设指标体系(2021 年版)

2 "无废城市"的建设

朋友们，经过上一章内容的阅读，我们了解了"无废城市"的概念及建设目标等，相信大家头脑中初步形成了"无废城市"的框架，本章我们要深入了解如何打造"无废城市"，"无废城市"中最重要的影响因素之一就是固体废物的问题，根据固体废物的不同来源和属性，"无废城市"试点建设在工业领域、农业领域、生活领域、城市建设领域和危险废物领域等重要领域开展大量无废试点工作（图2-1）。

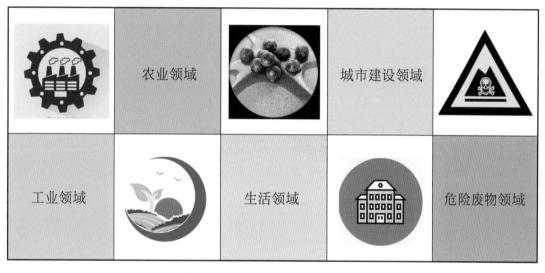

图 2-1 "无废城市"建设领域

2.1 工业领域的"无废城市"建设

人们日常生活中穿戴的衣服、鞋帽等纺织产品；用的锅、铲等炊具，洗液、牙膏等清洁卫生产品，洗衣机、冰箱等家电产品，手机、电脑等电子产品，图书、文具等文化用品，汽车、自行车等出行产品，床、沙发等居住生活产品……都是工业生产为我们制造的大量工业产品，极大地方便了我们的日常生活，提高了城市生活水平。但与此同时，工业制造也产生了大量固体废物，特别是传统重化工行业产生的固体废物较多。工业领域的"无废城市"建设，主要任务是实施工业绿色生产，推动大宗工业固体废物储存处置总量趋零增长。

尾矿、粉煤灰、煤矸石、冶炼废渣、炉渣、脱硫石膏、磷石膏、赤泥等工业固体废物年产生量都在 1000 万吨以上，有的甚至超过 1 亿吨，被称为大宗工业固体废物。

工业领域的"无废城市"建设，通过绿色工业制造，促进工业固体废物源头减量。例如，北京经济技术开发区围绕四大产业布局，强化政策激励引导，以"园区+供应链+企业"为模式，通过核心产业绿色升级，带动全产业链降低能源资源消耗，实现固体废物减量和高质量发展（图 2-2）。

图 2-2　北京经济技术开发区"无废城市"建设试点模式

工业领域的"无废城市"建设，须强化固体废物的综合利用，促进大宗工业固体废物堆存量减少。例如，安徽省铜陵市是全国八大有色金属工业基地之一，也是全国重要的硫磷化工基地和长江流域重要的建材生产基地。2018 年，铜陵市一般工业固体废物产生量为 1454.7 万吨，主要固体废物种类包括尾矿、磷石膏、钛石膏、冶炼渣等。"无废城市"建设试点以来，铜陵市加快资源型城市转型的同时，延伸工业固体废物综合利用产业链，推动工业固体废物源头减量、资源化利用、生态化安全处置（图 2-3）。

铜尾矿：通过尾砂胶结充填减少堆存量

铜矸石：在建筑材料行业进行综合利用

铜冶炼渣：充分回收、延伸加工废渣资源

图 2-3　铜陵市铜矿相关固废减量化、资源化、无害化模式

　　工业领域的"无废城市"建设，探索生态修复、绿色矿山建设之路。例如，内蒙古自治区包头市将大青山生态修复作为践行"两山理论"的重要举措，探索形成从"废弃矿山"到"金山银山"的"五废上山"生态修复模式，全面推行大青山南坡矿山地质环境治理及生态恢复工作，就地利用废弃围岩、砂石、石粉及历史遗留粉煤灰等工业固体废物作为矿坑的充填料，利用市域内产生的建筑渣土、农业秸秆、畜禽粪污、生活污水污泥、工业中水（"五废"）对废弃矿山进行修复，与党建、文旅相结合，完成"废弃矿山"到"绿水青山"再到"金山银山"的转变，实现生态效益和经济效益双赢（图 2-4）。

图 2-4　包头市大青山"五废上山"生态修复模式

2.2　农业领域的"无废城市"建设

　　日常生活中的食品、纺织品等原料都来自农业。我国是个农业大国，农业的生产也会产生大量固体废物，特别是畜禽粪污、农作物秸秆、农膜、农药包装废弃物的问题比较突出（图 2-5），也是"无废城市"建设中需要重点解决的。农业领域的"无废城市"建设，主要任务是推行农业绿色生产，促进主要农业废弃物全量利用。

畜禽粪污　　　　　　农作物秸秆　　　　　　农膜　　　　　农药包装废弃物

图 2-5　农业领域的主要固体废物

农业领域主要固体废物的危害

畜禽粪污：现代养殖几乎都使用饲料、抗生素、饲料添加剂等，随着动物粪便排出，如果不加以处理直接还田，不仅危害土壤环境，还有可能威胁庄稼食品安全，从而危害人体健康；若畜禽粪污含有大量重金属，如果长期施用于农田，可造成土壤的重金属污染；生粪里面含有虫卵，特别是鸡粪最容易滋生根结线虫；生粪直接入地容易导致烧苗烧根。

农作物秸秆：若农作物本身有病菌、虫害，如果直接还田会将病菌埋伏地下，容易诱发下茬庄稼再生病害；秸秆如果太多，直接还田，腐熟速度慢，将会影响下茬庄稼发芽、生根等。丰收过后，如果对秸秆进行大面积野外就地焚烧，会严重污染大气环境，危害群众健康和交通安全。

农膜：农膜大量长期使用、不及时回收处理，残留在土壤中，会造成微塑料、塑化剂污染土壤，降低农作物产品质量；大片地膜残片缠绕农机会导致农机停止转动，为此需要不断清理，影响作业速度。

农药包装废弃物：农药包装废弃物除了纸袋外，主要以玻璃、塑料等材质为主，这些都属于难降解物质，长期存留会对土壤造成污染；包装物内残留的农药毒性较大，可能对人体造成意外伤害。

农业领域的"无废城市"建设，推广畜禽粪污种养结合模式，促进畜禽粪污资源化利用。例如，辽宁省盘锦市结合自身特点，构建"水稻种植—畜禽养殖—有机肥生产"的种养结合型生态农业循环发展模式（图2-6）。全面规范散养户畜禽养殖，鼓励大型水稻认养基地、棚菜果蔬基地与养殖龙头企业开展对接，针对种植需要，对畜禽粪污采取不同方式处理后，用于农作物、蔬菜、瓜果生产，与土壤改良有机结合，形成农牧良性循环，提高土壤肥力，实现农业绿色、生态、循环发展。2020年，盘锦市畜禽养殖废弃物资源化利用率达77.6%。

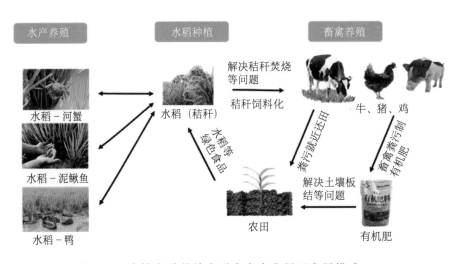

图 2-6 盘锦市种养结合型生态农业循环发展模式

农业领域的"无废城市"建设，鼓励通过秸秆发酵、延长秸秆产业链，促进秸秆资源化利用。例如，河南省许昌市在秸秆处理方面，推动一二三产业融合发展，除了基料化利用外，进一步拉长产业链条，原料化、能源化利用的比重越来越大，秸秆的价值从农用走向工用，田间地头收储秸秆的热情空前高涨，秸秆得到了更高值化的利用（图2-7）。

基料化利用（生产蘑菇）　　　能源化利用（生物质燃料）　　　原料化利用（生产板材）

图2-7　许昌市探索秸秆利用新途径

农业领域的"无废城市"建设，应发挥多元主体作用，构建全链条农膜回收体系。例如，青海省西宁市从源头减量、回收利用、保障支撑等方面构建由户收集—地模式膜供应企业回收—再生企业残膜利用体系，"企业回收、农户参与、政府监管、市场推进"的闭环运行机制，实行"谁供应、谁回收，谁使用、谁捡拾，谁回收、谁拉运"的运行（图2-8）。

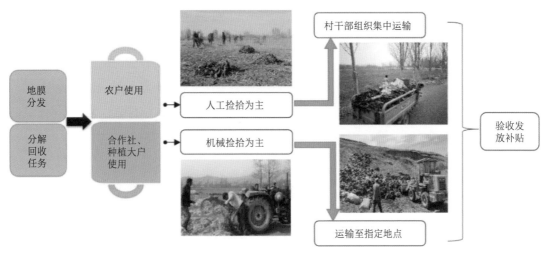

图2-8　西宁市农膜回收体系

农业领域的"无废城市"建设，应减少农药使用，探索回收机制，促进农药包装废弃物源头减量及回收处理。例如，青海省西宁市开展绿色有机农畜产品示范省创建工作，加快农业高质量绿色发展，提出2020年实施化肥农药减量增效行动63万亩，实现化肥农药使用量较2018年减少30%以上；到2023年，实现农作物生产有机肥替代化肥、绿色防控基本全覆盖，农药使用量减少60%以上。再如，福建省光泽县按照"谁销售谁回收、谁使用谁交回"原则，明确农药经营店农药包装废弃物回收主体责任，构建"农资企业收集、县转运仓储"农药包装废弃物回收体系，设置26个村级回收点和1个县回收总站，专门委托第三方公司负责，建成农药包装废弃物回收体系（图2-9）。

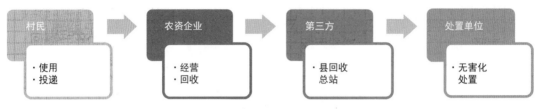

图 2-9　光泽县农药包装废弃物回收体系

2.3　城市建设领域的"无废城市"建设

这些年来，我国大规模开展城市建设，产生了大量建筑垃圾，其露天堆放既损害城市形象，影响市民生活环境，也造成土地资源大量浪费，给城市固体废物管理带来巨大压力。城市建设领域的"无废城市"建设，主要任务是开展建筑垃圾治理，提高源头减量及资源化利用水平。

> **知识链接**
>
> 　　建筑垃圾指工程渣土、工程泥浆、工程垃圾、拆除垃圾和装修垃圾等的总称。
>
> 　　工程渣土（弃土）和工程泥浆约占建筑垃圾总量的75%，这两类建筑垃圾可用于土方平衡和回填，在工程建设领域需求量大，但由于产生与利用在时空上不完全匹配，不能就地就近利用，需要消纳场所暂存或长期堆放，很多地方因势利导，用于堆山造景、土地整理。
>
> 　　拆除垃圾约占建筑垃圾总量的20%，成分主要是砖石、混凝土和少量钢筋、木材等物料，可在施工现场就地利用或分选拆解后再生利用。
>
> 　　工程垃圾、装修垃圾占建筑垃圾总量的比例不足5%，但成分复杂，有的具有一定的污染性，主要采用填埋方式处理，有的混入生活垃圾处理系统。

城市建设领域的"无废城市"建设，应推进建筑垃圾的源头减量。例如，中新天津生态城规划初期提出绿色建筑比例100%的目标，在"无废城市"建设试点中，继续推行绿色建筑100%。围绕这一目标，生态城在标准体系、管理机制、技术应用等方面进行了一系列探索和创新，引进德国"被动房"技术、大力发展装配式建筑、推广零能耗建筑技术（图2-10）。生态城内实现全域住宅精装修，每平方米可减少建筑垃圾产生量约30千克。

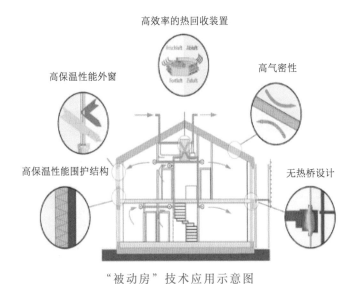

高效率的热回收装置

高保温性能外窗

高气密性

高保温性能围护结构

无热桥设计

"被动房"技术应用示意图

装配式住宅项目

零能耗智慧小屋

图2-10 中新天津生态城绿色建筑模式

知识链接

绿色建筑指在建筑的全寿命周期内，最大限度地节约资源，包括节能、节地、节水、节材等，保护环境和减少污染，为人们提供健康、舒适和高效的使用空间及与自然和谐共生的建筑物。

装配式建筑指把传统建造方式中的大量现场作业工作转移到工厂进行，制作好之后再运到施工现场。主要包括预制装配式混凝土结构、钢结构、现代木结构建筑等，是现代工业生产方式的代表。装配式建筑可以大量减少制作作业，可以跟随主体施工同步进行，同时也符合绿色建筑的要求。

被动式技术指在建筑规划设计中通过合理布置建筑朝向、优化遮阳设置、采用保温隔热技术的建筑围护结构，以及采用有利于自然通风的建筑开口等设计手段，实现建筑需要的采暖、空调、通风等能耗的降低。

零能耗建筑指建筑用能实现自给自足。技术上可以通过"被动式"建筑和"主动式"能源供应相结合，将零能耗建筑技术与智慧产能、用能、储能技术深度融合来实现。

城市建设领域的"无废城市"建设，应强化建筑垃圾的综合利用。例如，河南省许昌市充分发挥政府和市场的各自优势，激发企业持续开发建筑垃圾潜在价值的积极性，逐渐形成"建筑垃圾 — 建筑垃圾加工 — 再生建筑产品"产业链，持续提升建筑垃圾利用率，推动建筑垃圾再生产品规模化、产业化应用，逐渐走出了一条"政府主导、市场运作、特许经营、循环利用"的资源化利用之路，打造了建筑垃圾管理和资源化利用"许昌模式"，实现建筑垃圾100%收集、95%利用（图2-11）。

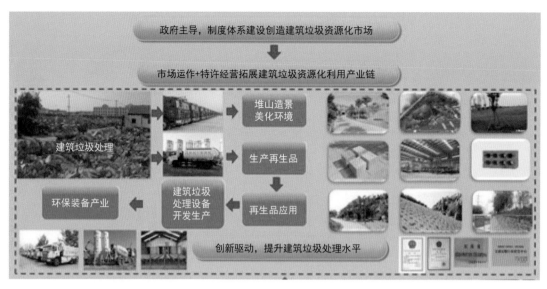

图 2-11　建筑垃圾管理和资源化利用"许昌模式"

　　城市建设领域的"无废城市"建设，应注重新城建设顶层设计，建立拆建全过程绿色建筑发展长效机制。例如，《河北雄安新区总体规划（2018—2035年）》中明确雄安新区因地制宜提高绿色建筑和节能标准，推广超低能耗建筑。雄安新区编制了《雄安新区绿色建筑设计导则（试行)》《雄安新区绿色建筑实施方案（2020—2025)》，打造中国绿色建筑高质量发展雄安样板。雄安新区实施拆旧建新全过程绿色建设模式：拆旧阶段，实施绿色拆除、对建筑垃圾进行源头分类、表土剥离；建筑垃圾再生利用阶段，谋划分类利用模式、探索拆除现场加工方式、因地制宜建设再生利用建材场；建新阶段，通过绿色建材、装配式道路、绿色建筑等方式，大大减少建筑垃圾的产生，有效促进建筑垃圾资源化利用（图2-12)。

图 2-12　雄安新区实施拆旧建新全过程绿色建设模式

2.4 生活领域的"无废城市"建设

生活领域的固体废物离我们最近，包括厨余垃圾、废纸、废塑料、废织物、废金属、废玻璃，废陶瓷碎片、砖瓦片、废渣土、废旧电池、废旧家用电器等。随着经济的发展，城市人口的增长，人们生活水平的提高和互联网时代生活方式的改变，废弃物的产生量也在不断提高，废弃物的种类也在不断变化。2020年底，全国城市生活垃圾年清运量2.43亿吨，不仅废弃物的收集系统愈加复杂，也造成废弃物的处理越来越困难。生活领域的"无废城市"建设，主要任务是践行绿色生活方式，推动生活垃圾源头减量和资源化利用。

知识链接

根据来自217个国家和经济体的城市垃圾产生数据，世界银行2018年的一份报告估计，2016年全球产生20.1亿吨城市固体废物，其中至少有33%未以环境安全的方式进行管理。在世界范围内，每人每天产生的垃圾量相差很大，少的为0.11千克，多的达4.54千克，平均为0.74千克。报告预计，如果保持现有的消费和生产模式，到2030年全球城市废弃物年产量将达到25.9亿吨，在2016年基础上增长28.8%；到2050年将达到34亿吨，在2016年基础上增长69.2%。世界银行2021年的另一份报告进一步估计，按现在的情况展望未来，若一切照旧、不加改善，全球固体废物产生量将从2020年的22.4亿吨增加到2050年的38.8亿吨。

生活领域的"无废城市"建设，强调倡导与宣传无废理念，促进生活垃圾减量。例如，许昌市将"无废"元素理念植入"三国文化旅游周""禹州钧瓷文化节"和"中原花木交易博览会"等现代节庆活动，在展示许昌名片的同时，传播"无废"理念，扩大"无废"文化的影响力，提升公众对"无废城市"建设试点的认知度和认同感（图2-13）。再如，重庆市通过"五个结合"构建"无废城市"建设全民行动体系，向社会公众传递不使用一次性餐具、践行"光盘行动"、减少一次性纸杯和塑料制品使用、简化包装等，传播无废文化，倡导无废理念，践行简约适度、绿色低碳的生活方式（图2-14）。

图 2-13　许昌市无废文化宣传　　图 2-14　重庆市光盘行动宣传

生活领域的"无废城市"建设，强调生活垃圾源头分类。例如，安徽省铜陵市立足中小城市实际因地制宜，突出党建引领一条主线，党政机关示范先行；注重宣传和课堂两大阵地建设，推动分类习惯养成；发力前端、聚焦中端、紧盯末端，前中末端"三环相扣"，打造全程分类链条；以立法为基础、机制为保障、考核为推手、执法为关键，"四驾马车"协同发力，推动形成长效机制。践行"1234"工作法，做到上中下游一起抓、前中末端齐发力，务实推进"全链条"闭环体系建设，致力于探索可落地、可持续、可复制、可推广的中小城市生活垃圾分类模式，不断增强居民满意度和获得感。

生活领域的"无废城市"建设，强调再生资源回收体系建设。例如，辽宁省盘锦市推进"生活垃圾"和"再生资源"两套回收系统的"两网融合"，在推进垃圾分类的基础上，按照"市场主导、政府引导、全民参与"推进原则，把持续推进生活废弃物源头减量和资源化利用作为发展再生资源回收行业的落脚点，积极推动多种类型回收企业发展，初步形成"固定+流动+线上"的"三位一体"回收模式。再如，河南省许昌市充分利用现有再生金属回收渠道，规范提升现已形成的"三网"（经纪人、专业回收公司、加工企业回收网）；以龙头企业为基础，重点投资建设废旧有色金属回收交易中心再生金属交易物流园和报废汽车回收拆旧中心，推动形成集废旧有色金属回收、分选、拆解、交易、仓储、运输及物流为一体的现代化交易市场和服务体系；建设再生资源信息中心和中原再生资源（国际）交易中心，打造回收加工信息发布服务系统、物流配送计算机系统、电子结算系统、综合管理系统等"四大系统"，构建再生金属信息平台，以此促进"物流、信息流、资金流"高效畅通，降低再生金属制造业生产成本（图2-15）。

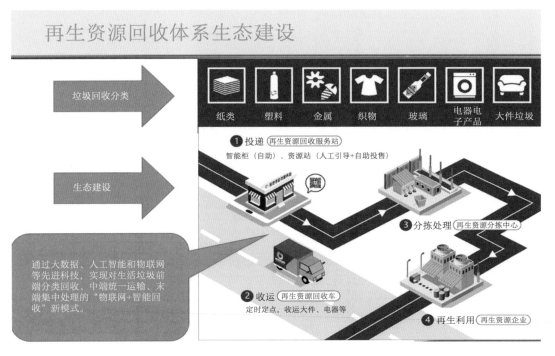

图 2-15　再生资源回收体系建设

生活领域的"无废城市"建设，强调完善转运体系和处置能力，实现生活垃圾零填埋。例如，江苏省徐州市"无废城市"建设，针对生活垃圾转运体系和处置，一是全面提升城区生活垃圾转运质效，实现了"集约化、大型化、高效化"的生活垃圾分类转运；二是不断完善农村垃圾收运体系建设，实现农村垃圾收运全覆盖；三是加强生活垃圾终端处置设施建设，实现生活垃圾全量焚烧、原生生活垃圾零填埋；四是规范处置生活垃圾焚烧炉渣和飞灰，实现焚烧飞灰处理不出县，从而形成生活垃圾分类处置闭环（图2-16）。

图 2-16　徐州市餐厨垃圾处理厂

2.5　危险废物领域的"无废城市"建设

危险废物，从字面就能体会到这类固体废物的特殊性，通常具有毒性、腐蚀性、易燃性、反应性或者感染性中的一种或者几种危险特性。危险废物管理一直是固体废物管理的重要内容，其管理要求通常严于一般固体废物，我国基本形成了危险废物名录和鉴别、管理计划、申报登记、转移联单、经营许可、应急预案、标识、出口核准的危险废物全过程管理的制度体系。危险废物领域的"无废城市"建设，主要任务是提升风险防控能力，强化危险废物全面安全管控。试点建设中，对危险废物领域的管理制度做了进一步探索。

知识链接

危险废物是指列入国家危险废物名录或者根据国家规定的危险废物鉴别标准和鉴别方法认定的具有危险特性的固体废物。危险废物通常具有毒性、腐蚀性、易燃性、反应性或者感染性中的一种或者几种危险特性。《国家危险废物名录》（2021年版）列有50种类别的危险废物。

家庭日常生活或者为日常生活提供服务的活动中产生的废药品、废杀虫剂和消毒剂及其包装物、废油漆和溶剂及其包装物、废矿物油及其包装物、废胶片及废像纸、废荧光灯管、废含汞温度计、废含汞血压计、废铅蓄电池、废镍镉电池和氧化汞电池以及电子类危险废物等有害垃圾，是生活垃圾中常见的危险废物。

医疗废弃物是一类特殊的危险废物，分为感染性废弃物、损伤性废弃物、病理性废弃物、药物性废弃物和化学性废弃物（图2-17）。

医疗废物　　　　　危险废物　　　一般固体废弃物

图 2-17　危险废物与医疗废物

危险废物领域的"无废城市"建设，强调探索危险废物小微企业收集的管理模式。例如，北京经济技术开发区，通过面向园区的"管家式"服务和面向企业的"管家式"服务，为不同类型企业设置不同管理标准，积极引入危险废物处置第三方驻场，结合园区企业产废特点，有针对性地制订了危险废物收集、储存、转运工作办法，明确了各方责任，指导生物医药园配套建设100平方米危险废物暂存间，切实解决了小微企业危险废物无处储存、转运周期长、费用高的难题。

危险废物领域"无废城市"建设，须探索"点对点"定向利用的管理模式。例如，绍兴市在风险可控前提下，工业园区内特定企业产生的废酸和废盐等危险废物，可直接作为另外一家企业的生产原料。预计每年可为产废单位减少2.8亿元的危废处置费用，为利用单位节省1.9亿元成本。该途径明确了四个"特定"：

①特定种类，仅工业废酸、废盐等特定种类危废可进行"点对点"利用；

②特定环节，仅在利用环节进行豁免，其他环节仍须严格按照危险废物管理；

③特定企业，仅可在试点名单范围内的危险废物产生单位和资源化利用单位之间定向利用，每条"点对点"通道均需通过技术和管理实施方案的专家论证；

④特定用途，特定危险废物定向利用再生产品的使用过程应当符合国家规定的用途和标准（图2-18）。

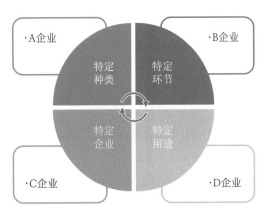

图 2-18　工业园区危险废物"点对点"定向利用模式

危险废物领域"无废城市"建设，还须探索跨省转移"白名单"的管理模式。例如，重庆市生态环境局与四川省生态环境厅签订了《危险废物跨省市转移"白名单"合作机制》，通过每年两地生态环境部门定期协商，将利用处置能力不足、跨省转移量大的危险废物纳入"白名单"（图2-19），明确"白名单"范围内的经营单位及可接收危险废物的类别和数量，规定凡在"白名单"范围内的危险废物，由两地省级生态环境部门直接审批，平均审批时限由1个月压缩到5天。

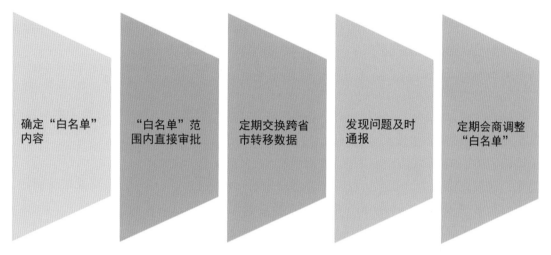

确定"白名单"内容　　"白名单"范围内直接审批　　定期交换跨省市转移数据　　发现问题及时通报　　定期会商调整"白名单"

图 2-19　危险废物跨省市转移"白名单"合作机制

朋友们，本章内容从各个领域全面解读了"无废城市"的建设方法，我们从这些内容可以了解到各领域都在用不同的方式来实现固体废物源头减量、无害化处理等。实现这些目标和我们每一个人都是分不开的，不管您在日常生活中，还是在工作中，不管您在城市工作，还是在农间作业，未来都要按照各领域的"无废"要求及绿色方式进行工作、学习及生活。只有我们每一个人都参与其中，才能建设真正的"无废城市"！

3 "无废城市"
建设试点城市案例

我国地大物博、历史悠久、少数民族众多，不同城市文化不同、风俗习惯不同、生活方式各异，各具特色。"无废城市"的建设也应因地制宜，根据不同城市的文化特点以及风俗习惯等打造各自的特色!

综合考虑不同地域、不同发展水平及产业特点、地方政府积极性等因素，坚持好中选优，"无废城市"建设试点最终确定为广东省深圳市、内蒙古自治区包头市、安徽省铜陵市、山东省威海市、重庆市（主城区）、浙江省绍兴市、海南省三亚市、河南省许昌市、江苏省徐州市、辽宁省盘锦市、青海省西宁市这11个城市，以及河北雄安新区、北京经济技术开发区、中新天津生态城、福建省光泽县、江西省瑞金市5个特殊地区。让我们一起来了解这些试点建设"无废城市"的精彩之处!

3.1 深圳市

深圳市位于南海之滨，毗邻港澳，面积约1997平方千米，管理人口2200万人，2020年GDP达到2.767万亿元，经济总量迈入亚洲城市前五，是一座充满活力的超大型城市。深圳市作为超大城市、经济特区、国际化城市代表入选"无废城市"建设试点之列。

深圳市"无废城市"建设试点目标远、任务多。深圳市规划"无废城市"建设分为四个阶段：

① "起跑"阶段：到2020年底，固体废物全部实现无害化处置。

② "跟跑"阶段：到2025年，"无废城市"主要指标达到国际先进水平。

③ "并跑"阶段：到2035年，"无废城市"主要指标领先国际先进水平。

④ "领跑"阶段：到本世纪中叶，树立"无废城市"国际标杆。

深圳市还对"起跑"阶段制定了5大类58项指标，10大类100项任务，见图3-1。

深圳市"无废城市"建设试点投资大、要求高。政府构建统一开放、竞争有序的市场体系，加强固体废物处置设施建设投资，探索适合深圳的投资模式。强化政府宏观经济调控，系统打造绿色金融服务体系。新增46个固体废物利用处置项目，投资约100亿元。累计建成189个利用处置设施，投资额326亿元（图3-2）。深圳市发布的《生活

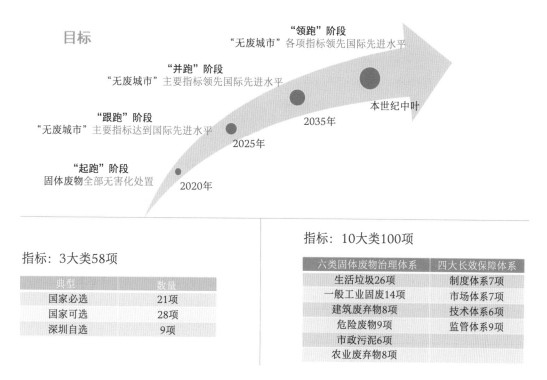

指标：3大类58项

典型	数量
国家必选	21项
国家可选	28项
深圳自选	9项

指标：10大类100项

六类固体废物治理体系	四大长效保障体系
生活垃圾26项	制度体系7项
一般工业固废14项	市场体系7项
建筑废弃物8项	技术体系6项
危险废物9项	监管体系9项
市政污泥6项	
农业废弃物8项	

图 3-1 深圳市"无废城市"建设试点目标、指标和任务

垃圾处理设施运营规范》（SZDB/Z 233—2017）中对烟尘、HCl、SO$_2$、NO$_x$、CO、二英等污染物控制指标比欧盟、日本的标准还严格，可以说是全球最严的生活垃圾焚烧污染物排放控制标准。

图 3-2 深圳市"无废城市"建设试点资金投入

3.2 重庆市

重庆位于中国内地西南部、长江上游地区，2020年经济总量位列中国大陆城市第四位。重庆作为直辖市及西部地区和长江上游经济中心城市代表入选试点。

重庆市"无废城市"建设试点注重创新宣传手段，培育"无废细胞"。重庆市将环保宣传与传统曲艺、非物质文化遗产、现代歌舞等文化结合，深化文艺创作，并充分发挥文艺界资源，邀请知名主播和艺术家作为"环保星主播"，通过广播、抖音、快手、微视等建立传播媒介综合平台，发挥影响力和号召力，向全社会传递"无废城市"建设的重要性和成果成效。"无废城市"试点建设期间，重庆市从小处着手，培育了16类682个"无废城市细胞"，推动"无废城市"建设覆盖社会生活各领域（图3-3）。

营造"无废"氛围

·各类媒体共报道逾百次，其中中央媒体报道20多次，重庆日报整版刊发《重庆"无废城市"建设试点10问》，在微信、微博、抖音等平台发布消息500余条，制发短视频、漫画、街头采访、图解、海报等新媒体产品20余个，点击量达600万，主题活动参与人数累计超过200万人次。

培育"无废细胞"

·截至2020年底，全市共创建16类682个"无废城市细胞"，其中市级176个，区级506，覆盖社会生活各领域。按创建类别分：无废学校168个，无废小区143个，无废公园47个，无废商圈18个，无废饭店49个；无废景区20个，无废机关171个，无废医院38个，无废工厂、无废企业、无废油库、无废4S店各5个，无废机场、无废菜市场各1个，无废村庄4个，无废社区2个。

图 3-3　重庆市营造"无废"氛围和培育"无废细胞"

知识链接

"无废城市细胞"是指社会生活的各个组成单元，包括机关、企事业单位、饭店、商场、集贸市场、社区、村镇、家庭等，是贯彻落实"无废城市"建设理念，体现试点工作成效的重要载体。

重庆市"无废城市"建设试点中，餐厨垃圾全量资源化利用很有特色。由于重庆的地域特色及餐厨垃圾的特性，重庆餐厨垃圾的处置与管理面临多方面的挑战。"无废城市"建设，重庆市深入研发餐厨垃圾处理新工艺、新技术、新装备，全市共有11座餐厨垃圾处理厂，其中服务主城的黑石子餐厨垃圾处理厂于2009年投入运营，设计日处理餐厨垃圾能力1000

图 3-4　洛碛垃圾综合处理厂

吨，累计处理量全国第一。2020年底建成投运的洛碛餐厨垃圾处理厂（图3-4），设计日处理能力3100吨。2019年，重庆市中心城区机关企事业单位食堂、主要餐饮企业产生的餐厨垃圾已基本纳入收运体系，通过餐厨垃圾处理厂共处理餐厨垃圾61万余吨，年发电2000万度，沼气制成CNG300万～400万立方米，生产生物柴油约5000吨，生产有机肥2万～3万吨。在实现高资源化利用率的同时，获得了经济效益和环境效益双丰收。

3.3　徐州市

素有"五省通衢"之称的江苏省徐州市，户籍人口1038万，曾因丰富的煤炭资源，成为全国著名的老工业基地。徐州市作为东部地区资源型城市转型发展代表入选"无废城市"建设试点之列。

徐州市"无废城市"建设试点特别关注矿山生态修复、资源枯竭型城市转型发展。100多年的煤炭开采史，留下30余万亩采煤塌陷地，成为当地的"伤疤"。煤矿资源枯竭、生态环境恶化、产业结构单一……徐州，面临着艰巨的转型重任。"无废城市"试点建设，徐州一方面因地制宜打造"生态修复+土地复垦利用""生态修复+建设用地改造""生态修复+园林景观建设""生态修复+整体搬迁开发""生态修复+文化旅游开发"等绿色发展模式（图3-5）；另一方面持续推进煤炭开采企业转型，推进徐工集团工业绿色再制造模

图 3-5　徐州市东珠山宕口遗址公园改造前后

式，打造绿色循环产业链，13个工业园区实现循环化改造全覆盖，培育了一批资源循环利用龙头企业和城市矿产利用骨干企业，初步建成绿色循环的共生体系。

徐州"无废城市"建设试点努力打造秸秆高效还田、多元利用模式，创新推广高留茬秸秆还田技术，建设完善覆盖县镇村三级的秸秆收储运体系，积极探索秸秆的肥料化、饲料化、燃料化、基料化、原料化"五化"利用路径，形成成熟稳定的多元化市场模式。到2020年底，全市建成千户规模农村集中居住区太阳能沼气集中供气工程16处，秸秆综合利用骨干企业189家，秸秆利用量达809.33万吨，综合利用率达96.1%（图3-6）。

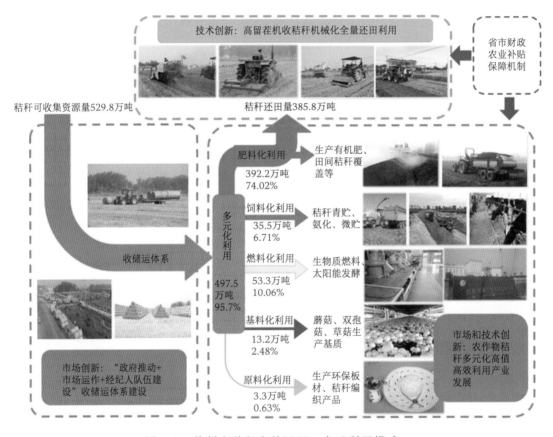

图 3-6　徐州市秸秆高效还田、多元利用模式

3.4　绍兴市

绍兴地处浙江省中北部、杭州湾南岸，是杭州都市圈副中心城市。绍兴市民营经济活跃，2020年GDP排名浙江省第四位。绍兴市作为东部地区文化和生态旅游城市代表入选"无废城市"试点建设。

绍兴市"无废城市"建设试点，运用数字化、信息化、智能化手段，打造"数字无废"新模式。绍兴市政府建设"无废城市"信息化平台，包含信息概览板块、实时监管板块、交易撮合板块、信用评价板块、指数发布板块、咨询查询服务板块六个板块，以及一屏展示重点信息的"无废驾驶舱"，以一舱六板块形式，实现重点固体废物全过程监管，搭建固体废物信息桥梁，跟踪"无废城市"建设成效，提升固体废物产业化服务水平（图3-7）。

图 3-7　绍兴市"无废城市"信息化平台

绍兴市"无废城市"试点建设，通过制度创新、技术创新，辅以市场体系、监管体系，探索小微企业危险废物管理之路。绍兴市有危险废物产生的小微企业共2100多家，其中年产生危险废物10吨以下的近1900家，占比86.7%。试点建设以来，绍兴市以"无废工厂"创建引领企业技术创新，推动危险废物源头减量；提出"代收代运"和"直营车"两种模式，因地制宜实现小微产废企业危险废物收运全覆盖；率先实施危险废物"点对点"利用制度，探索提升危险废物资源化利用水平，切实防范环境风险（图3-8）。

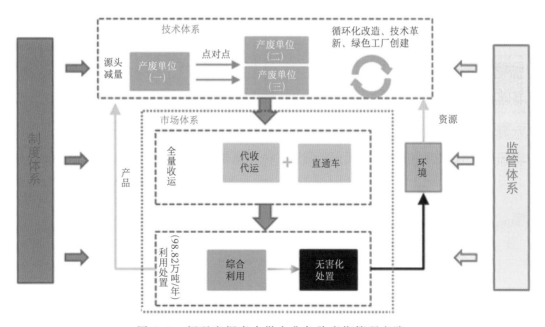

图 3-8　绍兴市探索小微企业危险废物管理之路

3.5 三亚市

三亚市位于海南岛的最南端，是中国最南部的热带滨海旅游城市。旅游产业是三亚市的支柱产业，2019年三亚市接待游客人次高达2294万。三亚市作为旅游型城市代表入选试点。

三亚市"无废城市"建设试点，创建白色污染综合治理新模式很有特色（图3-9）。三亚市海滩垃圾中最多的垃圾是塑料垃圾。三亚市全面禁止生产、销售和使用列入海南省禁止名录的一次性不可降解塑料袋和塑料餐具等塑料制品。禁止生产、销售和使用厚度小于0.01毫米的聚乙烯农用地膜，重点推广全生物降解农膜。推广绿色快递包装，从源头减少一次性塑料快递包装和胶带的使用。推行河长制、湖长制、湾长制，建立入海河流污染治理常态化监管制度。建立陆海环卫衔接机制。积极开展国际合作，成为我国首个加入世界自然基金会（WWF）全球"净塑城市"倡议的城市。通过实施"禁塑"，每年一次性不可降解塑料袋和塑料餐具使用量将降低8000吨，回收废塑料4万吨。"禁塑"措施覆盖率达80%以上；一次性不可降解地膜产生量降低约10%，厚度小于0.01毫米的塑料农膜使用量降低约90%；农药、化肥塑料包装物产生量下降约8%；快递电子运单使用率、"瘦身胶带"封装比例均超过99%，节省传统多联面单超过80%，60毫米宽胶带节约25%以上。

图 3-9　三亚市创建白色污染综合治理新模式

三亚市"无废城市"建设试点，打造面向国内外的"无废窗口"。依托旅游产业优势，三亚市组织开展了全方位"无废细胞工程"建设（图3-10）。建立面向旅游人口的"无废"理念宣贯体系，旨在推动旅游产业绿色升级，树立绿色旅游品牌形象，打造"无废城市"宣传窗口，推动城市绿色发展，建立从入岛到离岛的"无废城市"第一印象区，着力打造面向国内外的"无废窗口"。

图 3-10　三亚市利用废船、废玻璃等制作的网红船

朋友们，通过对上面试点城市打造"无废城市"特点的了解，让我们感受到不管你是在以工业为主的城市，以农业为主的城市，以生态资源为主的城市，还是以旅游为主的城市，都会有不同特点的"无废城市"建设标准与特色；但不管哪种类型特点的"无废城市"，作为市民的我们都要用行动参与其中，这样的"无废城市"才真正拥有顽强的生命力！

4 "无废城市" 建设的国际实践

在国外，很多国家很早就提出了建设"无废城市"，20世纪90年代后期，"无废"理念受到了社会各界的广泛关注。1989年，美国加利福尼亚州通过综合废弃物管理法案（Integrated Waste Management Act），设立了到1995年废弃物填埋量减少25%，到2000年废弃物填埋量减少50%的目标，标志着"无废"理念被正式列入法案。1995年，澳大利亚首都堪培拉通过了到2010年实现"无废"的法案（No Waste by 2010 Bill），成为世界上首个官方设立无废目标的城市。自此之后，澳大利亚阿德莱德、美国圣弗朗西斯科和加拿大温哥华等多个城市都将"无废"作为废弃物管理战略的重要部分。让我们一起放眼世界，看一看其他国家和城市建设"无废城市"的成功经验！

4.1 欧洲

欧盟在2008年推出了《废弃物框架指令》（2008/98/EC），提出了废弃物管理的原则、目标等。欧盟指令明确提出废弃物管理分级策略（Waste Management Hierarchy）。第一是源头减量（Prevention），指防止或减缓产品、包装物或其他物料变成固体废物，或使用产生固体废物更少的产品、包装物，从源头上减少垃圾产生。第二是"重复使用"（Reuse），指在产品及其部件、包装物变成固体废物之前，通过回收、清洁、消毒、维修、再分配等操作，使其能够再次用于同样的用途或其他用途。第三是"循环利用"（Recycling），指对可回收物资，如废纸、废塑料、废旧金属等，通过物理、化学的手段，将其中物质进行提取和转化之后，使之成为可生产加工新产品的材料。第四是"其他方式利用"（Other Recovery），指在循环利用之外对固体废物的利用，主要包括从固体废物中提取物质作为燃料、达到一定能量转化率的焚烧、利用填埋场沼气发电等活动。最后才是"末端处置"（Disposal），即填埋，以及因发电效率较低而不能被划入"能源回收"的垃圾焚烧，其背后意义是不再利用或利用效率很低。

近十年，欧盟先后发布多个计划、新政，通过深化循环经济、绿色新政，推动产品、材料和资源的经济价值维持时间最大化、废弃物产生量最小化（图4-1）。

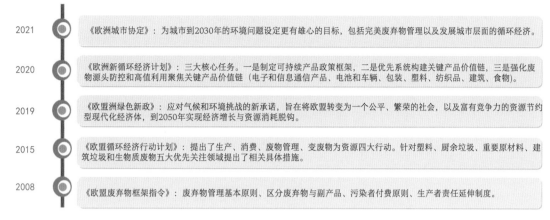

図 4-1 欧洲废弃物管理原则和政策沿革

4.2 日本

1994年12月，日本内阁制定《环境基本计划》，首次提出"实现以循环为基调的经济社会体制"。2000年日本通过了《推进形成循环型社会基本法》，提出建立"环之国"。2003年日本通过了第一个《推进形成循环型社会基本计划》，并每5年发布新的推进计划，目前已处于第四阶段，其中提出建设循环型社会，通过促进生产、物流、消费以至废弃过程中资源的有效使用与循环，将自然资源消耗和环境负担降到最低程度。日本推动循环型社会建设已经坚持了20多年，在国家和地方政府积极引领、产业界和民众的积极参与下，取得明显成效（图4-2）。

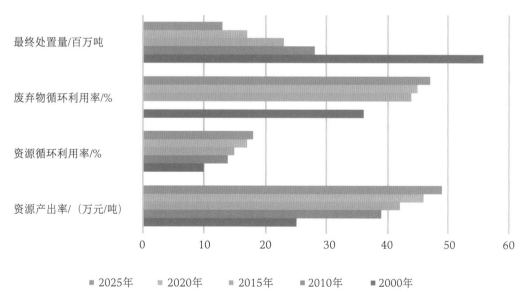

图 4-2 日本历次循环型社会推进计划总体目标设定情况

4.3 新加坡

2009年，新加坡发布第一版《新加坡可持续发展蓝图》。2014年11月新加坡在《新加坡可持续蓝图2015》中提出建设"无废"国家愿景目标，到2030年，废弃物综合回收率达到70%，其中生活垃圾回收率从2013年的20%上升到30%，非生活垃圾回收率从2013年的77%上升到81%。通过减量、再利用和再循环，努力实现食物和原料无浪费，并尽可能将其再利用和回收，给所有材料第二次生命，使新加坡成为一个"无废"国家。2020年新加坡发布首个独立的《新加坡无废总体规划》（Zero Waste Masterplan Singapore），为新加坡设定了新的垃圾减量目标——到2030年将每天送往实马高垃圾填埋场（新加坡唯一的垃圾填埋场）的垃圾减少30%，这将有助于将实马高垃圾填埋场的使用寿命延长至2035年以后。

新加坡对固体废物分类、收集和处理等流程基本做到了产业化、规范化，特别是近年来随着智慧城市的建设，显著提升了固体废物管理中的信息化、数字化水平。"无废"国家愿景提出后成效显著，在废弃物减量化方面，2000—2014年，新加坡废弃物产生量年均增长率为3.23%；实施"无废"措施后，2014—2016年，废弃物产生量年均增长仅为1.97%。在回收利用方面，2014-2016年，废弃物综合回收率从60%上升到61%（图4-3）。

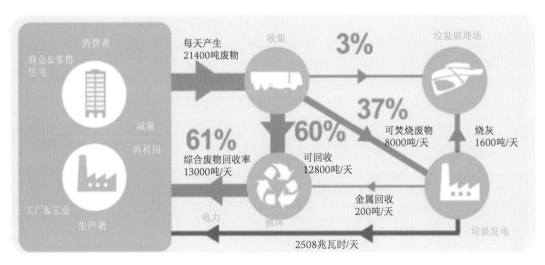

图 4-3　新加坡废弃物回收利用

4.4 美国圣弗朗西斯科市

圣弗朗西斯科市（San Francisco）位于美国加利福尼亚州北部，临近世界高新技术产业区硅谷，是全球重要的高新技术研发基地和美国西部最重要的金融中心。圣弗朗西斯科市在可持续发展方面一直处于全球领先地位，2002年通过城市法规，提出到2010年实现75%的垃圾填埋转移率。2003年发布法规，提出到2020年实现垃圾零填埋的无废目标。

圣弗朗西斯科市以法律形式，通过禁令、强制要求、征收费用等方式减少城市固体废弃物的产生，提高重复及循环使用率。例如：禁止销售1升以下的瓶装水，禁止销售某些一次性餐具，强制要求居民对生活垃圾进行回收和堆肥，要求建筑企业循环使用建筑垃圾。圣弗朗西斯科市仅有一家生活垃圾处理服务商，政府部门直接与其合作推动零填埋无废计划。

圣弗朗西斯科市的城市固体废物采用三色垃圾桶分类，黑色用于填埋的固体废物，绿色用于堆肥的垃圾，蓝色用于可回收的固体废物。为鼓励准确分类，圣弗朗西斯科市于2017年将原本体积相同的三色垃圾桶改为黑色最小、绿色次之、蓝色最大。此外大件物品（如沙发、电视、显示器）、有害物质（如电池、药物）、其他(如衣物、电子产品、家具)等不能投放至这三类垃圾桶（图4-4），需投放在专门的回收站点或预约上门回收。采用两箱式垃圾车收集填埋类固体废物和可回收类固体废物（图4-5），采用单箱式垃圾车收集堆肥类固体废物。生活垃圾处理服务商已有百年历史，固体废物处理的专业化及处理技术也为实现无废目标提供了一定的保障。

图 4-4　圣弗朗西斯科市三色垃圾桶　　图 4-5　圣弗朗西斯科市两箱式垃圾车

2018年在圣弗朗西斯科市举行全球气候行动峰会前夕，圣弗朗西斯科市联合其他22个城市发布新的无废承诺，并倡议全球范围内的城市加入：①2030年人均城市固体废物产生量比2015年减少15%；②2030年填埋和焚烧的城市固体废物处置量比2015年减少50%，同时垃圾填埋和焚烧的转移率至少提高到70%。

知识链接

2018年签署无废承诺的城市和地区包括：米兰、奥克兰、加泰隆尼亚、哥本哈根、迪拜、伦敦、蒙特利尔、纳瓦拉、纽约市、纽伯里港、巴黎、费城、波特兰、鹿特丹、圣弗朗西斯科、圣何塞、圣莫尼卡、悉尼、特拉维夫、东京、多伦多、温哥华和华盛顿特区。

4.5　日本横滨市

横滨，是日本神奈川县的县厅所在地，也是大东京地区近 400 万人口的重要城市。面对高昂的焚烧成本以及缺乏可用的土地和垃圾填埋场，在日本国家法律框架下，横滨于 2001 年启动了一项名为"G30"的行动计划。

"G30"行动计划旨在将城市垃圾产生量减少30%。主要措施包括：①引入源头分离和收集系统，将家庭垃圾类别的数量从五个增加到十个，增加了对旧衣服和塑料容器等的分离收集，建立了一个在线工具，供市民支付超大件物品的特殊费用；②严格执法和社区反馈，在继续通过一般税收资助垃圾收集的同时，加强了执法力度，不同的日子用半透明的袋子收集不同的固体废物，对错误分类屡犯者处以2000日元的罚款；③开展多渠道宣传活动，开展市吉祥物设计竞赛。招募名人、团体来帮助传播信息，并在2年内举行了11000多次公开会议。

通过实施"G30"行动计划，横滨市家庭垃圾的剩余量从2001年的每人每天0.73千克减少到2010年的每人每天0.46千克，减少了39%；家庭垃圾的产生总量（包括可回收物）从2009年的每人每天0.68千克减少到2018年的每人每天0.59千克，减少了12.1%；由于废弃物减少，关闭了其七个焚烧炉中的两个，节省了11亿美元的焚烧炉更新成本以及600万美元的年度运营成本。横滨成功地将垃圾产生与经济增长脱钩，在过去二十年中实现了雄心勃勃的固体废物减排目标。

2020年5月，横滨市对生活垃圾分类和丢弃提出进一步要求，生活垃圾分为：①可燃垃圾；②不可燃垃圾；③喷雾罐；④干电池；⑤塑料制容器包装；⑥罐、瓶和宝特瓶；⑦小金属类；⑧旧布；⑨废纸；⑩粗大垃圾；⑪横滨市无法收集的物品。每类垃圾如何丢弃都有明确规定。其中粗大垃圾是指最长边为30厘米以上（含）的金属产品，以及其他达到50厘米以上（含）的物品，丢弃前需向粗大垃圾受理中心提出申请并付费。另外，空调、电视机、冰箱、洗衣机、烘干机、个人电脑等属于横滨市无法收集的物品，丢弃时需要向销售店、换购店或横滨市家电回收再利用推进协会提出申请并付费（图4-6）。

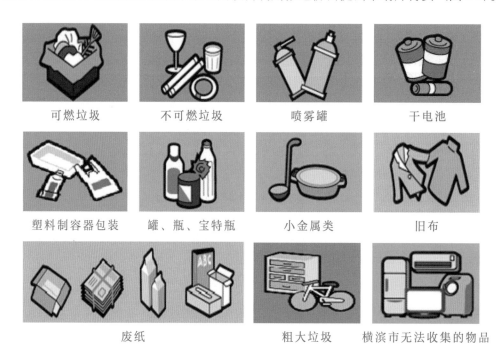

图4-6 横滨市生活垃圾分类

4.6 荷兰阿姆斯特丹市

阿姆斯特丹（Amsterdam）位于荷兰西部的北荷兰省，是荷兰首都及最大城市，也是享誉世界的旅游城市和国际大都市。阿姆斯特丹的共享经济计划颇具特色。

2015年，阿姆斯特丹市政委员会（即市执行委员会）下令制定愿景和行动计划，指导共享经济的发展。共享经济计划重点关注住房、办公空间和产品的共享，并探索集体和个人的出行共享方式。共享经济平台可为城市和居民带来诸多好处，如：最大程度地利用公私资源，减少浪费；为个人和企业开辟新的商业机会、增加收入；在居民和游客之间建立新的联系等。共享经济的发展提升了老年人和低收入群体的社会参与度，并且一定程度上惠及更多民众。

2020年4月，阿姆斯特丹宣布了其2020—2025循环战略，作为到2050年实现完全循环城市经济的第一步。2020—2025年战略包括三个重点：①实施可持续建设方法，增加可用的、经济适用的房屋；②减少一般垃圾（图4-7）；③尽量减少商业及居民食物浪费。从根本上说，阿姆斯特丹正在重塑城市的消费和生产方式，目标是到2030年将原材料使用量减半。

图 4-7　阿姆斯特丹生活垃圾分类桶

4.7 菲律宾阿拉米诺斯市

阿拉米诺斯市（Alaminos），是菲律宾班诗兰省（Pangasinan）的一个城市，以"百岛国家公园"的所在地而闻名，该公园由124个岛屿组成，见图4-8。旅游给当地带来了收入，也留下了大量生活垃圾。基础设施缺乏，叠加管理能力不足，给阿拉米诺斯市的固

图 4-8　美丽的海岛城市阿拉米诺斯市

体废弃物管理带来了压力。尽管早在2000年，菲律宾就通过了废弃物管理法，规定露天焚烧垃圾和不受控制的垃圾场是违法的，但阿拉米诺斯市的露天焚烧和倾倒司空见惯。

2009年，阿拉米诺斯市议会通过了菲律宾首个零废弃物城市条例，将自上而下的规划和社区参与积极融合在一起。在全球垃圾焚烧炉替代联盟(GAIA)的支持下，在社区和当地政府的共同努力下，堆肥和垃圾分类已经成为地方的新规范。由于垃圾分类和堆肥率极高，阿拉米诺斯市已经成为菲律宾其他城市的潮流引领者。

朋友们，通过了解这些国家与城市"无废城市"的案例，我们可以感受到"无废城市"的国际化、专业化、规范化、标准化，也意味着未来我们将面临一种"无废"的生活方式。其实这样的生活方式，随着人们环境保护意识的不断提高，已经慢慢地在影响与改变着我们，比如：垃圾分类我们在做，光盘行动我们在践行，少用一次性用品的习惯我们在养成，绿色出行我们在实践等。让我们用改变，去践行未来的"无废生活"吧！

5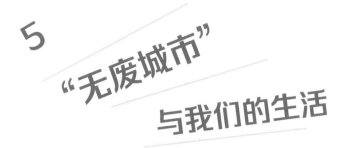

"无废城市"与我们的生活

"无废"建设可以分为许许多多个大小单元，小到"无废社区""无废饭店""无废商场""无废家庭""无废学校""无废个人"，大到"无废城市""无废国家""无废世界"。

随着不同特色的"无废城市"的建成，意味着小到我们的生活习惯，大到城市里的方方面面都会发生着变化，我们必须要适应这样的变化，养成各种的"无废"生活习惯，这是必然趋势与责任！与个体"无废"生活相呼应的就是政府的"无废城市"，从"个体"到"群体"，从"无废生活"到"无废城市"，都与我们每个人的生活息息相关。我们生活中的垃圾分类、低碳出行、绿色消费、光盘行动等都是绿色生活方式，都是在为"无废城市"的建设做贡献。归纳起来，我们应遵循以下三个原则。

5.1 低碳生活

"低碳生活"既是一种生活方式，同时也是公民的环保责任。低碳生活要求人们树立全新的生活观和消费观，提倡借助低能量、低消耗、低开支的生活方式，把消耗的能量降到最低，从而减少二氧化碳的排放，保护地球环境，保证人类在地球上长期舒适安逸地生活和发展。我们应该从植树、节水、节电、节气这些点滴做起。另外，垃圾分类也是一条重要途径。通过对生活垃圾合理分类，实现废旧物品循环利用、变废为宝，一物多用，既节约能源，又减少垃圾的产生，见图5-1～图5-3。

图 5-1　北京市生活垃圾分类指引

图 5-2　医院内垃圾分类

图 5-3 社区内的生活垃圾分类投放站

知识链接

我国城市生活垃圾正以每年10%的速度增长，每个一线城市每年生产约900万吨的生活垃圾，处理城市垃圾需要消耗大量人力物力，给城市发展带来沉重的负担，固体废物的处置与我们日常生活息息相关。解铃还须系铃人，推行"无废城市"建设可以从根本上解决城市环境难题，也是解决我国长期实现大量生产、大量消费、大量排放的生活模式的最佳途径。

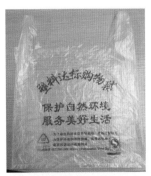

图 5-4 环保可降解塑料袋

出门购物尽量自备购物袋或使用可降解塑料袋（图5-4）；多用永久性的筷子、饭盒，尽量自带餐具，避免使用一次性的餐具；减少纸巾的使用，保护森林，低碳生活。

随着人们物质生活水平的不断提高，过度消费普遍存在，随之产生垃圾的同时，造成大量碳排放。

减少"买买买"也是一种低碳生活。当你想添置物品时，先看看家里是不是有可以替代的功能相近的东西，比如家里已经有烤箱了，就没必要再添置空气炸锅了；当你想买新衣服时，先看看自己的衣柜，是不是必须买，也别去买那些你穿不了多少次的衣服，在爱护你钱包的同时爱护地球。如果你觉得衣服款式不够新，不妨尝试一下旧衣改造，这意味着你还可以每天都时尚靓丽而不必浪费钱。

　　餐饮方面，积极践行"光盘行动""按需取餐"，不多点，厨房不多做，可以从源头上减少不必要的浪费，同时也减少厨余垃圾的产生量，减少碳排放，见图5-5。

图 5-5　单位餐厅的温馨提示

5.2　共享生活

　　如今，共享经济成为热点。共享汽车、共享单车为人们出行提供了新的选择，总体上降低了社会成本（图5-6、图5-7）。共享的理念除了经济层面的优势外，对于提高社区生活质量、促进合理消费也具有重要意义。

　　一方面，可以在居住区设置共享区域，实行空间共享，配备使用频率较低的工具、物品（如打印机、气筒、维修工具等），减少不必要的购买，降低物品闲置率。同时，还可以在共享区域开展闲置物品的捐赠（如旧家具、衣物、儿童玩具等）、维修等服务，提升物品在其生命周期内的使用价值，促进邻里沟通，共建和谐社区，见图5-8。

　　另一方面，可以利用跳蚤市场、网络二手平台对闲置物品进行交易，物尽其用，降低闲置率。

图 5-6　公共交通出行　　　　　　　　图 5-7　共享单车出行

图 5-8　旧衣物回收箱

5.3　简约生活

　　简约生活是一种极力减少追求财富及消费的生活风格。人们消费减少了，产生的废弃物自然也就少了，废弃物源头减量正是"无废城市"建设中的重要一环。

　　"少即是多"近几年来渐渐成为人们追寻的减法式生活风向标。必要的断舍离，从物质到精神求简归真的生活理念逐渐流行，与简约生活异曲同工。

　　在当今这个物质丰富的世界，很多人都囤积过生活用品、衣物、书籍、餐具、工艺装饰品等，时间久了，堆积的物品越来越多，不仅占据生活空间，打扫卫生也成了一项艰巨的任务。简约不是简单，而是简化对物质的过度欲望，拒绝不必要的东西，摆脱物质的束缚，简化生活环境。

　　例如，现代家居流行以简约舒适化为主，也符合"无废城市"绿色理念。你可以简化你的房间布置。简单的房间布置仅包括生活的必需品。简化房间后，家务也会相应减少，每次打扫卫生更轻松，省时又高效。简约的设计风格渐渐成为家庭装修中的主导风格。而简约的风格恰恰就是家装节能中最为合理的关键因素，当然简约并不等于简单，只要设计考虑周全，简约的风格是很适宜的现代装修风格，特别适用于年轻人。而且这样的设计风格能最大限度地减少家庭装修当中的材料浪费问题。另外，在对房屋进行装修时采用环保型的材料，选用再生林木材代替天然林木材；可利用旧物改造制作的装饰品进行软装配饰，比如，将喝过的茶叶晒干做枕头芯，不仅舒适，还能帮助改善睡眠；用废纸壳做收纳筐，实用且方便。用矿泉水瓶、废旧书报制作成漂亮的花瓶、收纳盒等工艺品和生活物品等。这些不起眼的废弃物经过巧妙的改造，都可以变废为宝，让自己的家变得更环保、更温馨，又充满创意的欢乐，也无形中践行了低碳环保的消费理念和断舍离的生活方式。

"无废城市"建设是一项系统工程，需要全社会的共同参与。我们既是"无废城市"建设的参与者，也是受益者。每个人都应该从我做起，崇尚简约适度、绿色低碳、文明健康的生活方式和消费模式，践行"无废城市"的发展理念，共建美好生活。

2021年世界地球日的宣传主题为"珍爱地球，人与自然和谐共生"。珍爱地球，应努力践行每一件能随手做到的"无废"小事：少买一件新衣，少开一次车，手机、电脑等电子产品别换那么勤，用废弃材料做手工，减少使用一次性产品等，日常生活中的每一次举手之劳都是在为无废城市建设做贡献，都是在呵护美丽地球。让我们一起开启无废新生活吧！

下篇

"无废生活"

的 "趣味杂谈"

6 家庭篇

6.1 挑战"无废厨房"

图 6-1　家庭厨房

家庭生活中每天产生的废弃物大部分来自厨房（图6-1），主要包括厨房各类物品的包装袋（塑料、纸）、各类瓶罐、盒子、袋子、菜叶、果皮、茶叶渣、蛋壳、骨头、过期食物、剩饭菜等。厨房产生的废弃物中，厨余垃圾是每天都会有的，而且必须每天都要扔到社区的分类垃圾桶中，不然就会腐烂，臭气熏天，招来蚊蝇，这可不是件好事儿!

厨余垃圾包括每家每户居民日常烹调中废弃的下脚料和剩饭剩菜，一分钟前还是佳肴，一分钟后成了垃圾。由于烹调、聚餐等习惯，加上食物浪费，每天来自千家万户的厨余垃圾数量巨大，已经成了令人头痛的大事。

家庭垃圾分类和社区垃圾分类中，经常看到图6-2这样的场景。

厨余垃圾　　　丢弃途中遗撒汁液　　　厨余垃圾桶周边环境污染　　清洗厨余垃圾桶造成水资源浪费

图 6-2　家庭厨余垃圾丢弃中的问题

在垃圾分类过程中，仍然产生了很多对环境不友好的问题。例如，厨余垃圾桶的集中清洗要用大量的水，从而产生大量的废水；厨余垃圾清运中会消耗很多能源、人力；生化处理中会占用场地等，见图6-3。

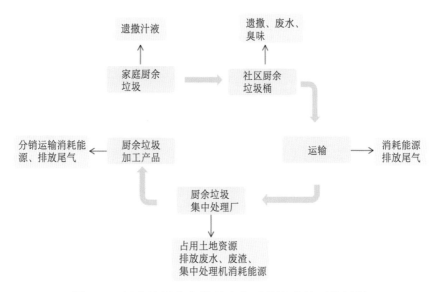

图 6-3　厨余垃圾分类处理中有可能造成的环境问题

家里不爽，社区头疼，社会处理压力巨大，有没有更好的办法呢？

6.1.1　厨余垃圾堆肥与家庭环境的永续设计

将厨余垃圾进行家庭堆肥处理，可以有效缓解这个令人头疼的问题。在家庭中进行厨余垃圾堆肥，有三种基本的方法。

(1)制作家庭环保酵素，减量厨余垃圾的同时，减少厨房洗涤用品的购置

准备一个可以密封盖口的塑料桶作为容器（图6-4）（也可以利用矿泉水桶或饮料瓶），以及厨余果皮、菜叶等垃圾，还有红糖。按照一份糖，三份厨余垃圾，十份水的比例把水和红糖倒进容器内，搅拌均匀后，陆续加入厨余菜叶、果皮等。装酵素的容器不能装满，需要留有20%的空间，因为发酵期间会产生气体，导致膨胀。盖上密封盖子后，贴上制作日期，将其密封放置在阴暗、碰不到油的地方，发酵3个月后即可使用，见图6-5。

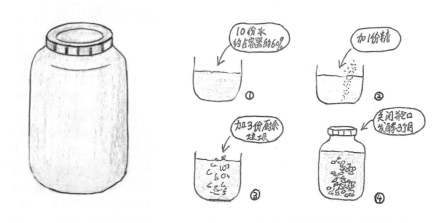

图 6-4　可密封的塑料桶　　　图 6-5　家庭环保酵素制作过程示意

应特别注意的是：在发酵第一个月中，容器内会产生气体，气泡非常多，需要每天放气一次，之后桶内发酵的速度就越来越慢，放气的间隔时间可以长一些。

经过3个月的发酵，环保酵素就做成了！打开容器的盖子，观察里面的白膜情况，如果出现变黑、变绿、异味等现象，表示酵素发酵不好，不能使用。通常情况下，按照制作材料比例，发酵期间正常排气的话，酵素会发酵良好。

环保酵素用途很多，例如清洁厨房灶具、碗筷、台面、地面等。此外，环保酵素里面含有的发酵菌可以促进植物生长、改良土壤、美化环境！如果用于植物的话，可以按照体积比1：1000的比例，用水稀释后喷洒于家庭绿植上除虫，也可以用稀释液或者原液施加叶面肥。

知识链接

各种新鲜的果皮、果肉、蔬菜叶和家里吃剩的瓜果都能拿来做环保酵素（图6-6和图6-7）。例如，用橘皮制作酵素，就有很多妙用。橘皮类酵素防治家庭绿植病虫害的效果最好，主要是因为柑橘类的果皮里含有能驱虫的芳香因子。作为家庭绿植叶面肥浇花时，不用喷药，而且能使室内空气清新，芳香怡人，一举多得。使用了环保酵素的花卉，枝干粗壮，叶片油亮，花开得十分繁盛，令人欣喜。此外，柑橘类酵素清洁功能也超好，芳香，去油污，还能防虫。用原液兑水拖地，用原液洗碗碟、擦台面，既能减少清洁剂的使用，节约家庭开支，减少清洁剂对水环境的污染，顺便还能护肤！环保酵素很好地体现了"无废生活"的理念，它的功能还可以进一步开发。

图6-6　果肉悬浮，正在发酵　　图6-7　液体澄清，果肉沉底，发酵成功

(2)用波卡西堆肥法进行厨余垃圾堆肥

波卡西堆肥法是日本琉球大学比嘉照夫教授研究开发的，是将EM菌制剂混合到被发酵物里，存放进密封的发酵容器中，通过间歇性缺氧发酵来分解被发酵物质的一种堆肥方法。EM菌制剂采用独特的发酵工艺，把80余种仔细筛选出来的有益微生物混合培养，有效抑制有害微生物的繁殖，产生大量氨基酸促进生化酶、促生长因子、抗氧化物质等，消除腐败，造就良好生态。波卡西堆肥法通常按照如下步骤操作：

①自制堆肥桶。准备一个塑料桶，底部安装一个水龙头。在桶的底部放一张旧报纸，以免细碎物堵塞水龙头。

②将厨余切碎后，倒入堆肥桶，见图6-8。

③每添加10厘米左右厚的一层厨余，就撒上一层EM菌。用量以覆盖厨余表面75%以上为宜，然后压紧继续覆盖，直到发酵桶装满。注意不要装得太满，以确保盖子可以盖严，见图6-9。

④停止添加厨余后第7天，开始取液肥，1~2天排一次液肥，否则影响继续发酵的效果，收集到的发酵液呈透明淡茶色。若液体浑浊，应开盖增加EM菌的用量。

⑤10~15天后，桶内厨余长满白色或偏红色菌丝，说明发酵菌生长旺盛。

⑥再过5~7天后，菌丝明显老化、褪去，可将堆肥倒出做基底肥填入土中，或装入密封袋中备用。

(3)"三明治"堆肥法

准备一个大的容器（直径大于30厘米），花盆、泡沫箱、水桶、整理箱、水缸等均可，先铺一层土壤，把厨余垃圾（菜叶、瓜果皮等）铺满一层，再盖上一层土壤，再铺一层厨余，如此反复直至把整个容器堆满，在最上层盖上一层厚厚的土，像三明治，然后用塑料膜密封起来，防止有异味飘出，同时也加快腐烂速度，见图6-10。

堆肥过程中应保持适当的水分，以促进微生物活动和堆肥发酵。隔段时间要观察泥土表面干湿度，适当淋水，一般三个月才能充分腐熟。大规模的堆肥，建议在冬天进行。冬季可以一直放到春天，经过一个冬天，基本上就可以腐熟，可用来种植春季的花草了。如果在气温较高的夏季，可以一个星期打开密封膜一次，用铲子搅拌一下，这样腐烂得会比较快一些，一个月左右就可以使用，不过在打开的时候会有些不好的气味。此外，用于堆肥的材料最好切碎，这样腐烂更快。若要让堆肥更"营养均衡"，可加入豆渣或者煮熟的鱼鳞、虾壳等，增加厨余中的蛋白质。使用堆肥时，要先进行太阳暴晒，以达到杀菌的作用。

图 6-8　将厨余垃圾切碎倒入堆肥桶中

图 6-9　一层厨余垃圾一层 EM 菌直至装满

图 6-10　"三明治"堆肥法示意

厨余垃圾堆肥在家庭种植中能够发挥很好的作用。如果能够运用永续设计的理念，充分利用家庭中的阳台、边角等空间，将简单的家庭种植改造成永续设计的家庭小种植生态园，可以更好地改善家庭室内小环境，还会取得丰厚的收益呢！

知识链接

朴门永续设计（Permaculture）源于20世纪70年代澳大利亚的塔司马尼亚岛，是由师生两人——比尔·墨立森与戴维·洪葛兰所发起的全球永续生活运动。Permaculture是由permanent（永久的）、culture（文化）、agriculture（农业）所组成的英文单词，已经在全球上百个国家广为人知。朴门永续设计简单说就是提供许多方法，让使用者自己思索如何能善用生态结构与自然运行模式，来达到人类与自然的和谐共生。通过永续设计的一些方法，巧妙地利用自然、模拟自然，以永续的方式满足人们对食物、能源以及其他方面的需求。进入朴门，需要从认识气候、水文、土壤、植被、动物等大自然里的各项事物开始，进而了解它们彼此之间的关系及运行法则，然后把它们运用在人类社会的生活设计之中。如此，人类才可能与土地保持和谐相处的关系，并且持续地从中学习生存的智慧。朴门作为一项全球性的运动，人们通过学校，也通过许多设计课程和工作坊学习它的理念和设计方法，见图6-11。

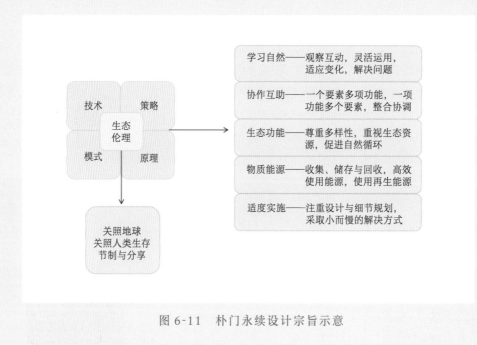

图 6-11　朴门永续设计宗旨示意

6.1.2　消除烦恼巧行动

掌握了基本方法就可以开始厨余垃圾瘦身计划啦！这四步法可以作为行动的参考。

第一步：从源头瘦身。在采买中尽量选购净菜和已进行了预处理的鱼、肉等，减少烹调前食物原料预处理产生的厨余垃圾。同时，在购买中注意保质期，控制选购物品的总量，也可以有效地避免浪费，减少厨余垃圾。

第二步：物尽其用。将食材的使用做到最大化，减少厨余垃圾的产生。这可是智慧的挑战，看看图6-12家庭厨房烹饪大师的做法吧。

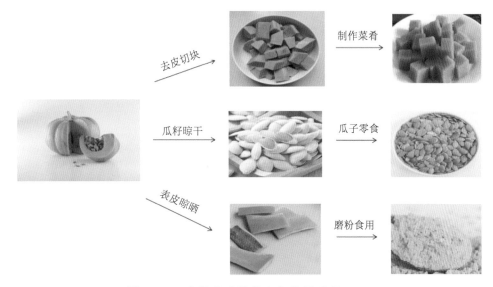

图 6-12　食材南瓜的最大化使用示意

第三步：厨余垃圾大变身。经过前两步，厨余垃圾已经减少到最少量的程度了。在烹饪的过程中制作适量的饭菜，最大限度地减少剩饭菜的产生。如果有少量剩饭菜，可以放入冰箱冷藏，然后充分加热后再食用。

真的无法消化的厨余，再拿来做堆肥。这些厨余垃圾可是"宝"，我们来个厨余垃圾大变身，根据家庭的实际情况，选用适宜的厨余垃圾堆肥方法，让厨余垃圾变成一个小金库吧。

第四步：建设家庭小型生态种植园，成为家庭永续生态设计达人。例如，利用了厨余垃圾处理产出的酵素和有机堆肥产生的肥料，家庭阳台小型生态园植物茂盛，硕果累累，见图6-13。

到这里，厨余垃圾变废为宝，成为家庭减少开支和小环境生态建设的重要帮手。这里面的宝藏还有很多等着大家继续挖掘呢！

图 6-13　家庭阳台小型生态园

6.1.3 挑战"无废厨房"的奇思妙想

随着可持续生活理念的不断普及,"无废厨房"已经成为热门话题。世界各地的能人巧匠都在跃跃欲试。例如,维也纳的建筑设计师 Ivana Steiner 就创造了一个无废物的厨房,见图6-14,旨在倡导和营造零废物的生活方式。通过她的设计能够降低无废行动的难度。这个"无废厨房"中最具特点的是使用再生不锈钢制作的橱柜,使用再生玻璃制作的容器。"在3000℃高温炉中以铁生产钢,以及在1000℃温度下生产再生钢,两者的生产工艺是完全不同的。后者几乎没有任何排放。再生钢的有趣之处在于,它可以被多次回收再造成钢材。而木材在回收后会变成纸,或者木屑"。预计,厨房可持续使用150年。

"无废厨房"的橱柜设计中设置了若干方便使用的单一结构单元,包括存放玻璃容器的空间单元,放置水果和蔬菜篮子的空间单元,还有放置堆肥箱的专用空间,物品存储空间,悬挂亚麻购物袋的位置,以及一个小型垂直绿化草药园等。

"无废厨房"被设计成一个多功能的空间,结合了一个大型的开放式工作台,它也可以作为一个桌子,家庭成员可以围着它来进行交谈、烹饪或用餐。厨房还有两个可拉出的工作台,可以用来准备食物,还有两个水槽和一个水壶,可以为草药园收集洗菜水和淘米水等。还有一个折叠式衣架,用于晾晒清洁用的纺织品。水槽下面还藏着一个不锈钢堆肥箱,用于厨余垃圾堆肥。小型垂直草药园安装了日光灯,肥料可以从堆肥箱中取用,用于改良种植的土壤。

"无废厨房"的设计是把可持续性和设计结合起来,未来将会有更具创造性的方法。

图 6-14 "无废厨房"示意

根据联合国粮食及农业组织(FAO)的数据,全球每年生产的食物中,有价值约1万亿美元的食物没有被食用,就直接被投向了垃圾场。这些数据中,餐饮行业大概占据了其中的10%。食物浪费是一个全球性的问题,几乎每间厨房都在面临这样的问题。因此,除了对家庭厨房进行无废化改造,零排放餐厅也出现了。

世界第一家零排放餐厅Silo于2015年由布莱顿在英国海滨小镇创立（图6-15），从诞生之日便带着彻底"零浪费"（Zero Waste）的使命。"零浪费的意思就是我们没有垃圾桶。"

图 6-15　世界第一家零排放餐厅

餐厅直接和农民、渔民以及农场交易。他们会直接把食物送到餐厅，避免包装的浪费。"食物来自于自然，我们最大化地利用食材来制作食物，最终的剩余物制成堆肥。然后堆肥直接回归食材生长的地方，就这么简单。""例如，我们需要奶油，我们自己用牛奶做。需要面粉，自己磨小麦。这样的食物是有生命的。当你创造了一个没有潜在浪费的系统，不用垃圾桶就变成一件很容易的事情。"如果真的下定决心减少浪费，还必须考虑到食物供应链以及餐饮经营的各个环节。

这家餐厅的"零浪费"哲学之一是最大化利用食材的全部。比如，菜单中的烤红葱，处理食材时剩余的红葱皮会被收集起来，煮成高汤再浓缩成酱汁，做成糖浆，其他蔬菜如果味道好也会以同样的方式处理。另外两道菜中，剩余小黄瓜的皮，干燥后会被磨成粉，而番茄皮也会烟熏风干后加入新的饮品中，增加风味。

做堆肥向来是处理剩余食材的常见思路，但这家餐厅并不是把所有剩余食材都拿去堆肥，而是先发挥创意去利用食材的各个部分。这里的厨师提到，现在堆肥的量更少了，通常一个礼拜下来，堆肥箱都没有装满。

怎么样，"无废厨房"是可以实现的吧？您也来挑战家庭无废厨房吧！

6.2 包装减排小妙招

货架上的很多商品都有华丽的"外衣"（图6-16），几乎所有商品都有一层包装，有的甚至两层、三层，大家潜意识中会认为有漂亮"外衣"的物品更值得被买单！

图 6-16　生活中的各种包装

"外衣"的材料太丰富了，纸盒、纸袋、塑料袋、塑料充气袋、布袋、铁盒等。这些材料组合在一起营造了一种"我很值得拥有"的感觉，而实际在完成了包装的任务后，这些"颜值"担当大多就被丢弃，成为生活垃圾中的重要成员！

"看不见"的货架上的商品同样有很多"外衣"（图6-17）。网购时货架上看到的是电子图片，运输中商家为了保证商品及其包装的完好无损，会在"外衣"上再穿上一件或多件"外衣"，全副武装！喜欢网购的朋友们是不是也体会过拆快递和处理快递包装的"痛苦"？网购省时省力，处理"外衣"却是一件让人头疼的事儿。

除了这些华丽的"外衣"，商品"贴身"的外用包装仍旧无处不在。塑料袋、玻璃瓶、纸袋、铁皮罐、木箱……几乎家里用的每一样东西，买回来的时候都有包装，如果用一次就扔掉了，那么每一件被精心设计和制造出来的"外衣"，很快就要"回炉再造"，这个过程又会消耗大量的能源和资源。

为了保护好商品，也为了吸引消费者的目光、触动其内心想购买的欲望，这些商品外包装往往都是材质结实耐用，设计美观，色彩印制精良。能不能给它们换个"岗位"继续工作呢？

图 6-17　快递包装

6.2.1 减塑成为包装减排的主角

在各类商品的包装中，塑料的应用最为广泛。据研究统计，全球平均每1分钟消耗100万个塑料袋，全球每年塑料总消费量约为4亿吨。目前全球只有14%的塑料包装得到回收，而最终被有效回收的只有10%。每年约有800万吨塑料垃圾进入海洋，可以绕地球420圈。此外，每年有超过10万只的海洋动物因被塑料袋缠住或误食而死亡，这可能会导致海洋生物的灭绝，触目惊心！

塑料制品的降解时间要200～1000年，填埋会占用大量土地，长期得不到恢复，焚烧会产生有害气体。因此，不规范生产、使用、处置塑料会造成资源能源浪费，带来生态环境污染，加大资源环境压力，甚至会影响人们的健康安全。禁塑、限塑是解决塑料垃圾问题的重要选择，世界各国已达成共识。我国塑料年产量为3000万吨，消费量在600万吨以上，年塑料废弃量在100万吨以上，废弃塑料在垃圾中的比例占到了40%。

2008年我国政府颁布"限塑令"后，至2016年，经相关部门统计，超市和商场塑料袋使用量减少了2/3，累计减少塑料购物袋140万吨左右，相当于减排二氧化碳近3000万吨。2020年1月，我国发布更为严格的"禁塑"政策，要求在2025年，完善塑料制品生产、流通、消费和回收处置等环节的管理制度，对不可降解塑料逐渐禁止、限制使用。

> **知识链接**
>
> 居民在日常生活中应该怎么减塑呢？以下这些小事儿可以带来大改变：
> ①外出购物使用可以反复使用的购物布袋；
> ②外出时尽量携带可循环使用的水瓶（水杯）；
> ③弃用一次性咖啡杯，因为它的杯盖大多是塑料制品；
> ④不吃口香糖，因为它们含塑料成分，而且无法回收利用；
> ⑤避免使用含塑料微珠的洗护产品，因为直径小于5毫米的固体塑料微珠颗粒广泛应用于牙膏、洗面奶、沐浴啫喱等洗护产品，它已经在人体中被检出，更是污染环境、破坏海洋生态的重要因素；
> ⑥用纸盒取代塑料容器；
> ⑦用玻璃密封罐、保鲜盒保存食物，弃用塑料保鲜膜和保鲜袋；
> ⑧不用塑料吸管，改用纸吸管或者用海藻、玉米等制造的可食用吸管；
> ⑨不用一次性塑料制品，不得不用时选用可降解塑料包装或用品。

6.2.2 "外衣"变身"潮装备"

减少各类包装，将家中已有的各种包装充分利用起来，不仅能够起到减少包装废弃物的作用，还能够解决家庭所需，美化生活。不管动手能力强还是弱，都可以参考以下方法，让这些被请进家门的各类商品的华丽"外衣"变身"潮装备"。

方法一：源头减排，回归简朴

"无包装零售商店"在世界很多国家已经悄然兴起。消费者自带可重复使用的各种瓶罐、布袋、纸袋等到这样的商店购买各类商品，无需包装，从源头杜绝把华丽的商品外包装带入家庭，见图6-18 ~ 图6-20。

图 6-18　零浪费无包装商店

图 6-20　顾客自备可重复利用的玻璃瓶

图 6-19　零浪费无包装商店内的货架和商品

即便是不得不打包，也用纸袋、纸盒、麻绳、可降解的纸质胶带等包装材料，一是利于拆解重复使用，二是利于回收，减塑减排。

方法二：保留包装用途，重复利用

家庭生活中在不得不使用塑料包装的时候，如何源头减排，重复利用呢？如果每个家庭都能够把塑料包装重复利用起来，将大大减少塑料制品的消费量。

要想挑战最长使用期限，最好是将塑料包装分类整理好，根据不同需求尽可能多地按照其原有用途重复使用。同时还需要了解生活中常用的七类塑料制品的特性，以便合理、安全地重复使用。

每种塑料制品都有一个"身份证"，它由一个带箭头的三角形和里边的 1 ~ 7 中的某个数字组成。每个数字代表了一种塑料的编号（图6-21）。

聚对苯二甲酸乙二醇酯。用于矿泉水瓶、碳酸饮料瓶等。易变形，超过70℃便有对人体有害的物质溶出。不宜重复使用，也不宜装酒、油等物质。

高密度聚乙烯。常用于清洁剂、洗发露、食用油、农药等包装。质地硬，不透明。不宜用来盛装食物，难以清洁彻底，不宜循环使用。

聚氯乙烯。用于制造水管、雨衣、书包、建材等。可塑性好，只能耐热81℃。高温时会释放有毒物质，不用于食品包装。

低密度聚乙烯。用于制造塑料袋、保鲜膜等，高温时也会释放有害物质，千万不能放进微波炉。

聚丙烯。用于制造水桶、垃圾桶、篮子和食物容器。可以耐受高达167℃的高温，是唯一可以放进微波炉的塑料制品，可清洁后重复使用。

聚苯乙烯。用于制造建材、玩具、文具、滚轮、一次性餐具等。遇高温时也会分解出致癌物质，要避免用快餐盒打包滚烫的食物，也不能用微波炉加热。

聚碳酸酯类（PC）及其他。用于制造水壶、太空杯和奶瓶等。在高温情况下易释放出有毒的物质双酚A，对人体有害。不能加热，也不能在阳光下直晒。

图 6-21　七种塑料包装的"身份证"

　　同时，我国国家标准参照了《塑料制品的标识和标志》（ISO 11469：2000）的国际标准，对塑料制品所采用的塑料原料进行标识，便于人们识别塑料材质，利于分类使用和回收，见图6-22。

序号	标志名称	标志图形	适用范围
1	可重复使用		成型后制品可以多次重复使用，且性能满足相关规定要求的塑料
2	可回收再生利用		废弃后，允许被回收，并经过一定处理后，可再加工利用的一类塑料
3	不可回收再生利用塑料		废弃后，不允许被回收再加工利用的一类塑料
4	再生塑料	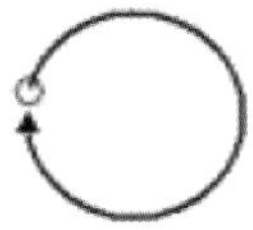	经工厂模塑、挤塑等预先加工后，用边角料或不合格模制品在二次加工厂再加工制备的热塑性塑料
5	再加工塑料	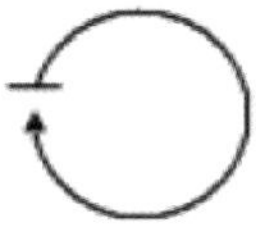	由非原加工者，用废弃的工业塑料制备的热塑性塑料
6	医用塑料		用于医药的塑料
7	食品包装用塑料		用于食品包装的塑料

图 6-22 塑料原料标识

方法三：改造外观另做他用

除了塑料包装外，家庭中还有很多包装的外观不容易改变，也无需改变，稍微进行一下装饰，就可以把它原有的文字和图片遮住，变成自己喜欢的样式，或者配合家庭中某一场景的装饰风格！

例如，各种各样的玻璃瓶和金属罐，搭配麻绳、彩线、花布、彩纸、环保手绘颜料等装饰材料，可以快速实现"变装"（图6-23）。当然，如果把漂亮包装上的花样剪下来做装饰，就更能体现出"无废生活"的精神了！

图 6-23　玻璃瓶包装"变装"

方法四：恢复包装的材料属性，进行加工

不需要特别专业的工具，家用的剪子、美工刀、黏合剂是常用的改造工具，简单的裁剪、粘贴，就能有无限可能！（图6-24）

图 6-24　各类包装简单加工后变成家居用品

例如，将包装升级改造为首饰，就是充分利用了包装的材料属性。现在，可持续发展理念越来越被更多人了解和认同，一向以领跑时尚为代表的首饰设计行业也掀起了"升级改造"现代首饰设计新风潮。首饰设计师将各类包装改造，设计出别具一格的首饰，用行动支持减少从矿藏开采到首饰加工过程中的资源消耗和环境污染，提出首饰业的可持续设计理念。图6-25是一组用塑料包装设计制作的精美首饰，令人赞叹。

图 6-25　首饰设计师用塑料包装设计制作的精美首饰

怎么样，小到手机膜的外包装，大到冰箱的纸箱包装，都可以被重复使用！再利用这件事，没有做不到，只有想不到！再利用一个包装物，就少购入一个商品，减少了制造、运输、回收多个环节的能源和资源消耗。

6.2.3　家用包装"再利用"的奇思妙想

"零浪费"是一种在生活中几乎不制造任何垃圾的生活方式，一般通过不使用一次性物品、将不需要的物品和别人交换或捐赠，用厨余垃圾堆肥等方式为地球垃圾减量，使生活中的垃圾最大化地减少，直至为"零"。零浪费理念被越来越多的人所接受，这种生活方式也开始在全世界范围内流行起来。

从源头进行包装减排也是减少包装废弃物的首选。很多富有创意的勇敢者开创了零浪费无包装商店，为包装的源头减排提供了实现的空间。

2018年，一位来自武汉的90后女孩在北京开办了中国第一家零浪费无包装商店（图6-26）！店中设置有"闲置二手物品共享区"，这个区域的所有物品大家都可以免费拿走，大家也可以将家中不需要的衣服、书籍、DVD等干净的、还可继续使用的物品放在共享区，供其他喜欢的人免费拿走，原则是："只拿自己真正需要的东西"。

店中还设有回收站点，大家可将家中用完的牙刷、牙膏皮以及各种品牌的洗发、护发产品空瓶等带过来，商店的经营者会定期邮寄给环保公司，升级改造成新的物品。

图 6-26　中国第一家零浪费无包装商店

这个店中的商品以不锈钢制品、实木制品、有机棉以及天然洗护用品为主，其中大部分产品可以被重复利用，少部分在使用后可自然降解为大自然中的一部分。

店中发送的所有快递都采取了无塑包装。快递的胶带使用的是100%可降解的纸质胶带，这种胶带的黏胶是天然的玉米浆，遇水后黏性极强，而且，在打开快递时还易于拆解。快递使用的纸箱来自商品进货时留下的纸箱和邻居们废弃不用的纸箱。

从个人和家庭，到企业、机关和国家，都在设法实现无废生活。例如，大量使用塑料包装的食品饮料行业中，就有越来越多的企业正在积极探索塑料包装回收再利用的办法。2021年，百事公司联合海洋环保组织亿角鲸，使用回收的渔网和25000个塑料瓶盖制成了造型先锋的艺术钢琴（图6-27），钢琴上的色彩是不同颜色的瓶盖原有的颜色。这种新潮的创意将塑料回收与公益、音乐、科技融为一体，把环保行动变成了潮流乐事，传递出"塑造新生""无塑成废"的理念。

图 6-27 百事公司无废艺术创意

第十届中国花卉博览会上，一个总长156米的"牛奶盒长椅"成为花博会的一道亮丽的风景（图6-28）。"牛奶盒长椅"采用光明牛奶的利乐包装盒材料制作，共回收约502.7万个总计重52吨的废弃牛奶盒，将包装打碎后通过特殊技术高压制作而成，是上海最长环保长椅。

牛奶盒采用复合纸包装，是由73%的纸浆、20%的聚乙烯塑料、5%的铝以及2%的印刷油墨和涂料合成的6层复合结构。这种复合纸包装，由瑞典利乐公司于1952年研发而成，能够有效阻隔空气和光线，使牛奶和其他饮料等液体食品的存储和运输更为安全、方便，且保质期更长。

因为牛奶利乐包装含有优质的纸质纤维和塑料，把它们碾碎挤压，可直接生产成家具、园艺设施、工业托盘等塑木产品。

图 6-28 第十届中国花卉博览会的"牛奶盒长椅"

环保座椅的花纹和花岗岩材质很像，甚至摸起来也如石头般坚硬。长椅的设计制作运用了创新工艺，展现出利乐包装的色彩与肌理（图6-29），同时通过特殊工艺和反复实验，让其呈现较高强度以耐受不良气候等因素。

长椅远看像石凳，但凑近了会发现，椅子上留有各种牛奶盒包装上的图案、二维码和产品标志。这种特殊的肌理仿佛在提醒着每一位坐在上面的市民环保座椅原本的材质，以及其背后传递的循环再生的环保理念。

无废生活从减少生活中的包装开始，您可以做到吗？

图 6-29　"牛奶盒长椅"的色彩和肌理

6.3　用好手中的"绿色选票"

每次选购商品（图6-30），就像参加一场"大选"，手中的"钞票"投给谁，往往只在"一念之间"。殊不知，这"一念之差"，影响可不小！

购买不同产地的蔬菜和水果，产生的环境影响是不同的。很远的地方生产出来的蔬果，在运到本地市场的过程中，损耗是避免不了的，尤其是夏天，即使每样蔬菜损耗1%，累计的数量也不容小觑！同时，随着锁鲜技术的发展、物流速度的提升，菜地到餐桌的时间在缩短，但增加了预包装、外包装、冰袋、冷藏车等产生的能源消耗和资源消耗，冷鲜而来的蔬果不仅价格高于常温而来的蔬果，碳足迹也大大增加！

看完了食品"大选"，再来看看服装"大选"！

对服装材质的选择会带来不同的环境影响。以运动服为例，为了让衣服有弹力，大部分运动服的制作会使用尼龙和聚酯纤维等化纤材料。这些化纤材料都是从化石燃料中提取的，对地球的危害很大。随着人们对环境问题越来越关注，更多的服装制作厂商选择源自废弃塑料饮料瓶回收生产的再生聚酯纤维作为服装制作中的化纤材料。据称，一条紧身裤可用25个回收的塑料矿泉水瓶制成，这样会减少对环境的危害。

同时服装的染色材料也是选择时需要考虑的。传统的大批量染色会使用大量有害化学品，这些化学品有时候未经处理就排放到环境中，对当地生态系统造成巨大的危害。如果选择天然染料，产生的废弃物都是有机的，可以用来堆肥，对环境的危害就会减少很多。

图 6-30　超市中琳琅满目的商品

因此，投好购物时的"绿色选票"，可是减少废弃物的大事！

6.3.1 绿色消费原则

6.3.1.1 什么是绿色消费？

将我们手中的"选票"支持绿色消费，可以为减少废弃物、减少环境污染起到很大的作用。绿色消费又称"可持续消费"，是指一种以适度节制消费，避免或减少对环境的破坏，崇尚自然和保护生态等为特征的消费行为，不仅包括选择绿色产品，还包括物资的回收利用，能源的有效使用，对生存环境、物种的保护等。具体而言有三层含义：①倡导消费时，选择未被污染或有助于公众健康的绿色产品；②转变消费观念，崇尚自然、追求健康，追求生活舒适的同时，注重环保，节约资源和能源，实现可持续消费；③在消费过程中，注重对垃圾的处置，不造成环境污染。

6.3.1.2 绿色消费的层次与原则

绿色消费模式包括五个层次：①"恒温消费"，即把消费过程中的温室气体排放量降到最低；②"经济消费"，即对资源和能源的消耗量最小、最经济；③"安全消费"，即把消费结果对消费主体和人类生存环境的健康危害降到最小；④"可持续消费"，即在满足自身需求的前提下不危及后代的消费能力；⑤"新领域消费"，即研发低碳技术，使用清洁能源，推广低碳产品，不断拓展低碳消费新领域。主要表现为坚持以营养健康为导向的低碳饮食；开发以生态节能为导向的低碳建筑；打造以绿色环保为导向的低碳交通；宣传以经济适度为导向的低碳生活等。

知识链接

绿色消费倡导的5R原则：

➤ 节约资源，减少污染（Reduce）：节水、节纸、节能、节电，多用节能灯，外出时尽量骑自行车或乘公共汽车等。

➤ 绿色生活，环保选购（Reevaluate）：选择低污染低消耗的绿色产品，以扶植绿色市场，支持发展绿色技术。

➤ 重复使用，多次利用（Reuse）：尽量自备购物包，自备餐具，尽量少用一次性用品。

➤ 分类回收，循环再生（Recycle）：实行垃圾分类，循环回收，在生活中尽量分类回收可重新利用的资源。

➤ 保护自然，万物共存（Rescue）：救助物种，拒绝食用和使用野生动物及制品，制止偷猎和买卖野生动物的行为。

6.3.1.3 绿色食品的标准

选择绿色食品是绿色消费的重要组成部分。绿色食品是中国对无污染、安全、优质食品的总称，是指产自优良生态环境、按照绿色食品标准生产、实行土地到餐桌全程质量控制，按照《绿色食品标志管理办法》规定的程序获得绿色食品标志使用权的安全、优质食用农产品及相关产品（图6-31）。绿色食品标准以"从土地到餐桌"全程质量控制为核心，包括产地环境质量、生产技术标准、最终产品标准、包装与标签标准、储藏运输标准以及其他相关标准六个部分。绿色食品标准主要包括以下四个方面：

①绿色食品产地环境标准。分别对绿色食品产地的空气质量、农田灌溉水质量、畜禽养殖用水质量、渔业水质量和土壤环境质量的各项指标、浓度限值做了明确规定。

②绿色食品生产技术标准。包括两部分：一部分是对生产过程中的投入品如农药、肥料、饲料和食品添加剂等生产资料使用方面的规定，另一部分是针对具体种养殖对象的生产技术规程。

③绿色食品产品标准。对初级农产品和加工产品分别制定相应的感官、理化和生物学要求。

④绿色食品标志使用、包装及储运标准。为确保绿色食品在包装运输中不受污染，制定了相应的标准。

绿色食品标准分为AA级绿色食品标准和A级绿色食品标准，见图6-32。

图 6-31　四种类型食品的比较

AA 级绿色食品标识

A 级绿色食品标识

图 6-32　绿色食品标识

AA级绿色食品标准：要求生产地的环境质量符合《绿色食品产地环境质量标准》，生产过程中不使用化学合成的农药、肥料、食品添加剂、饲料添加剂、兽药及有害于环境和人体健康的生产资料，而是通过使用有机肥、种植绿肥、作物轮作、生物或物理方法等技术，培肥土壤、控制病虫草害，保护或提高产品品质，从而保证产品质量符合绿色食品产品标准要求。

A级绿色食品标准：要求产地的环境质量符合《绿色食品产地环境质量标准》，生产过程中严格按照绿色食品生产资料使用准则和生产操作规程要求，限量使用限定的化学合成生产资料，并积极采用生物方法，保证产品质量符合绿色食品的标准要求。

要申报绿色食品的企业，其产地环境、生产过程、产品质量和包装以及运输等条件必须符合相应的绿色食品标准要求，并经过相应的机构检测，才能获得绿色食品标志使用权，见图6-33。

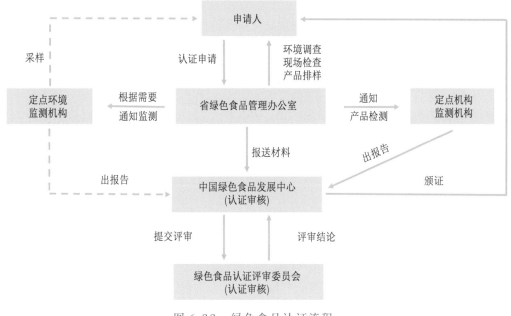

图6-33 绿色食品认证流程

6.3.1.4 绿色消费与碳足迹的关系

通过支持绿色消费，可以有效地减小碳足迹，实现减排低碳的可持续生活方式。

> **知识链接**
>
> 碳足迹，表示一个人、家庭或者机构、公司等团体在交通、食品生产和消费、能源使用以及各类生产、生活过程等所有活动中排放的温室气体数量，用以衡量人们的活动对环境的影响。由于二氧化碳是人类活动排放的最主要的温室气体，通常把所有温室气体的排放量换算成"二氧化碳"当量来表示，量越大，碳足迹就越大；反之，碳足迹就越小。

碳足迹大致可以分为国家碳足迹、企业碳足迹、产品碳足迹和个人碳足迹四个层面。针对个人碳足迹的计算，目前已有许多网站提供了专门的"碳足迹计算器"，只要输入一定的生活数据，就可以计算出相应的碳足迹。

同时，碳补偿的观念也被越来越多的人了解并在生活中践行。

知识链接

碳补偿是指通过植树（也可委托国家认可的基金会）或其他吸收二氧化碳的行为，对自己曾经产生的碳足迹进行一定程度的抵消或补偿。例如，如果你用了100度电，那么你就排放了78.5千克二氧化碳，为此需要种植一棵树以抵消碳排放的量；如果你自驾消耗了100升汽油，那么你就排放了270千克二氧化碳，为此需要种植三棵树以抵消碳排放的量。

随着中国提出力争在2030年前实现碳达峰、2060年前实现碳中和的目标，转变生活方式，放弃各种"高碳"生活，倡导"低碳"生活，应该成为"无废生活"的重要组成部分。

6.3.2 "绿色选票"机会多

绿色消费并不难，它就在日常生活中。我们的"绿色选票"使用的机会有很多呢。

机会一，多选择应季本地蔬果。

一看标签：超市商品的标签上都有明确的产地、上市时间，在菜市场可以通过询问售卖人员了解同样多的信息！有些蔬菜和水果上还有绿色标识，它们可是通过权威机构认证的环保食品。

二看季节：不同的季节有不同的代表性食物，顺应季节多吃应季蔬果既能进行合适的"食补"，又能减少反季节蔬果对环境带来的负面影响。

知识链接

获得反季节水果和蔬菜主要通过四种途径：

①利用山区的立体气候资源进行夏秋季反季节生产；

②利用冬春温暖小气候进行冬季反季节生产；

③温室大棚种植反季节蔬菜和水果；

④利用冷藏技术对应季蔬菜和水果进行储藏，在反季节销售。

其中，利用温室大棚进行反季节种植生产，要想成功，首先得改良蔬菜生长的微环境，常规做法是将塑料膜笼罩在耕地上。塑料膜造成的阳光温室在提高了环境温度和湿度的同时，也打破了害虫的休眠规律，土壤线虫和有害微生物也因此活跃起来。由于温室大棚内温度、湿度较高，且常年不通风，病虫害滋生异常严重，需要对病虫害防治投入更多的生物防治物品或农药；为减少"连作障碍"造成的减产，对肥料的需求也会加大，有可能造成温室大棚化肥的高残留率，对地下水造成污染；大棚农膜的大量使用，使乡村生态环境遭受严重的农膜白色污染。中国每年约有 50 万吨农膜残留在土壤中，残膜率高达 40%。残留农膜主要集中在 10 ～ 15 厘米土层之间，长期积累会造成耕地生产力下降。对于从地里捡出的农膜，如果没有回收而是就地烧掉的话，会造成持久性有机污染物（POPs）污染。

图 6-34　蔬菜水果异地间的长途运输

另外，反季节蔬菜和水果经常通过长途运输从生产地运送到销售地，这其中也会消耗大量能源（图 6-34）。

那是不是不能吃反季节蔬果了呢？

当然不是了，在寒冷的北方，如果没有反季节蔬菜和水果的供应，饮食的种类就会大大减少！相比之下，尽最大的可能优先选择应季水果和蔬菜，能够减少为了保障反季节水果、蔬菜种植所需要的温度、湿度、土壤、光照、虫害防治等生长环境而增加的农用物资和能源的消耗，减少农业废弃物的产生！

同时，应合理调控和管理温室大棚反季节蔬菜水果种植，多利用自然热量资源生产顺应季节时令的蔬菜水果，积极发展有机种植或绿色种植。消费者的"绿色选票"也将发挥重要作用。

机会二，选择天然纺织面料。

服装、床单被罩、毛巾……生活中的纺织品随处可见。纺织品的面料也大有讲究。

天然面料是首选！彩棉天然具有色彩，未经染色，能够实现纺纱、织布、加工、成衣整个生产过程的无污染，且回收利用率很高。彩棉制品（图 6-35）是可以放心投出"绿色选票"的商品。

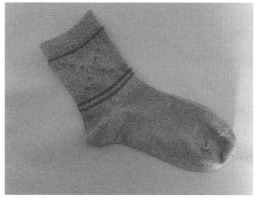

图 6-35　用彩棉制成的服装

天然彩棉又称天然彩色细绒棉，是一种在吐絮时就具有绿、棕等天然色彩的棉花。彩棉具有色泽自然柔和、古朴典雅、质地柔软、保暖透气等特点。用于纺织，可以免去繁杂的印染工序，不仅可降低生产成本，还保证了零污染。彩棉除了自带颜色，纯天然、无污染的特点外，还具有较高的抗菌性、抗氧化性、抗紫外线性能等优点，是名副其实的环保产品。

彩棉的颜色和面料也有一定的局限性，时尚达人们还可以选择经天然染料染色，采用天然纤维面料制成的各类纺织品（图6-36）！

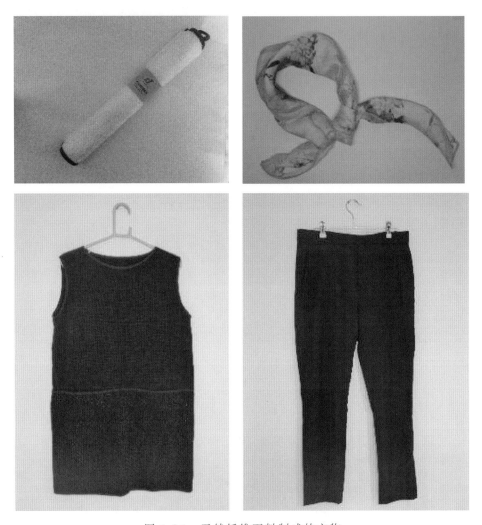

图 6-36　天然纤维面料制成的衣物

此外，有机棉制品环境效益大于普通棉制品。有机棉是可持续农业的重要组成部分。例如，以有机棉作为吸收层的卫生巾，100%生物降解膜代替塑料，可在6个月左右回归自然。

有机棉与普通棉的对比见表6-1。

表 6-1 有机棉与普通棉的对比

类型	有机棉	普通棉
土壤	禁止使用任何化学合成的农药和化肥	化肥，土壤板结，肥力下降
肥料	植物肥料、动物粪便等	化工产品
除草	人工或机器翻土	化学脱叶剂
加工	生物酶、淀粉等天然助剂脱脂和上浆	化工浆料和化学助剂
外观	天然颜色	需要用酸碱漂白，或染色、固色

机会三，理性消费影响大。

打折季、促销季，如果买东西时只考虑省钱，容易忽略已有物品"总量"问题。经常"剁手"，产生的闲置物品会越来越多。

即使是购买绿色环保产品，如果不理智地购买了并不实际需要的物品，既造成物品闲置的浪费，也会促使企业加速加量生产，产生额外的消耗。

食物和纺织品是最大的两类生活消耗品。除此之外，家具、家电、日化产品等方面都有更环保的选择。相比时髦的款式，经典款的使用频率、使用时间更久。我们要善用手中的"绿色选票"，改变不可持续的生活方式，支持"无废生活"。

6.3.3 "绿色选票"带动新风尚

随着技术的进步和可持续生活理念被更多人认同，大量消费者用手中的"绿色选票"推动了低碳新技术、新产业的发展。

目前，全球每年要消耗1亿吨的纺织品，预计到2050年将增加到3亿吨。时尚行业是全球范围内污染最严重的行业之一，所释放的二氧化碳占到全球总量的10%。消费者对低碳纺织品的选择带动了纤维素纤维纺织业的兴起。

纤维素纤维主要由木材纤维素制成，具有比棉更好的柔软、吸湿等性能，已广泛用于服装及家纺领域（图6-37），以及与人类皮肤直接接触的湿巾、面膜和医用敷料等卫生用品。以优可丝（EcoCosy）纤维素纤维为例，它使用100%原生溶解木浆为原材料，木浆源来自100%中国认证的可持续管理和种植的可再生林，能够很好地替代传统石油化纤，可再生林的生长还会吸收大量的二氧化碳，有效减缓气候变化。它还可以完全堆肥降解，从而有效降低纺织品废弃后对环境的破坏。由于这众多的可以与自然"和谐共

图 6-37　纤维素纤维制成的时装

生"的特点，使得纤维素纤维制品成为基于可持续发展理念的时尚界宠儿。

与棉、羊毛和涤纶等纤维相比，纤维素纤维的能耗和温室气体排放均处于较低水平。在棉、涤纶和纤维素纤维三种纤维材料中，纤维素短纤维对水资源的消耗最低，而涤纶对水资源的消耗最大。源于可持续管理林木资源的纤维素纤维已应用于纺织行业，这种纤维碳足迹低，而且在不同地区不同气候条件下有相应的不同速生物种可作为木源。许多人认为森林应该完全不被使用，其实，通过对森林产品增值，可以更好地保护森林。森林保护与森林生产力是紧密结合的。

同时，作为纤维素纤维生产商，还参加到原料供应地的生态系统保护计划中，保护、恢复和保存极具生态价值的沼泽森林，既确保高品质原料，完善原料地生态的和谐共生，也有效地促进了当地居民以可持续的方式从事传统农业活动。

"绿色选票"除了能带动商品生产和销售业向低碳减排的方向转变，也能推动共享、租赁等新型绿色消费观念的普及，促使从消费心理到消费观念，再到消费行为的改变。

以家居租赁业为例。家居产品，尤其是占最大份额的成套家具产品的消费，历来都是家庭消费中的重头，更换时更是带来了很大的困扰，既造成很大的浪费，也会产生大量的大件垃圾。

在2010中国上海世博会前夕，唯优家居网提出全新家居消费理念，通过家居产品尤其是家具产品的修葺、翻新、改造、回收、仓储，充分再循环使用，大大降低了对自然资源的使用。

家居租赁已经不再是简单的单件或几件家具租赁，而是全方位家居用品的租赁。家居租赁不但囊括了传统的办公、展会、酒店等家具租赁，还包括小家电租赁、家居饰品、摆件、布艺租赁等，既可以整套设计服务，也可以单件出租。

家居租赁已成为全球蓬勃发展的绿色产业。不同类别和风格的家居用品和低廉的租金，已在很多国家成为可持续生活方式的重要内容。在美国，家居租赁已成为一个常态，通常很多公司的职员在不同城市工作时，家具都是以租赁形式来实现，对GDP的贡献已超过5%；在日本，自然资源匮乏，对资源再利用非常重视，作为家具制造这个资源消耗量较大的产业来说，对家具再回收更加看重，并已把家居租赁融入日常生活中；在英国，已把家居租赁推广提升到了国家的战略重点。

中国家居租赁在北京、上海等几个一线城市也已开始了探索。相信具有绿色消费特质的家居租赁，能够为实现家庭的"无废生活"提供新的路径。

"绿色消费"内涵丰富，回顾自己和家庭中各种购物的经历，您在用好"绿色选票"方面有哪些行动和新的设想？

6.4 玩具里的无废创意

从一个小朋友出生开始，家中慢慢积累了越来越多的玩具（图6-38），各种各样的玩具给小朋友的童年带来很多欢乐的时光。看到每一件玩具，都能够回忆起与家人、与小伙伴一起玩耍的快乐，或者回忆起自己根据玩具创造出来的故事场景，充满想象和童趣。

年龄不同，对玩具的需求也不一样，能看的、能听的、能写能画的、能跑能跳的、能拼

图 6-38　家中堆满各类儿童玩具

接的、能搭建的……种类繁多。玩具中用到的材料也可谓是种类齐全，除了传统的金属、木材、塑料、纸张、橡胶等材料外，各种集成电路、传感器、单片机等生活中能够用到的电子元器件都会在玩具中找到。为了使用安全和牢固耐用，玩具往往会采用高质量标准的材料。同时，一些新型材料也会应用到玩具制作中。

可是，随着年龄的增长，玩具占用了家庭越来越多的生活空间。堆积的玩具成为家庭生活中令人头疼的事情之一，丢弃可惜，保存会占据大量空间，成为家庭闲置物中的重要组成部分。不能"物尽其用"也是一种浪费。玩具从生产到消费使用后的处置都需要在"无废生活"理念下革新升级。

6.4.1 玩具的"绿色设计"与选购

6.4.1.1 玩具的"绿色设计"

绿色设计，也称为生态设计，基本思想是在设计阶段就将环境保护的因素纳入产品设计中，将环境友好作为产品的设计目标，力求使产品对环境造成的负面影响最小。绿色设计的核心是"3R"原则，即Reduce、Recycle、Reuse，也就是在设计中，不仅要体现减少物质和能源的消耗，减少有害物质的排放，而且要使产品及零部件便于分类回收、再生循环或重新利用；强调在产品原材料的获取、功能设计、生产制造、产品流通、使用维修和产品回收的整个生命周期内，在满足环境友好的前提下，保证产品的功能、使用寿命、质量和安全要求。

例如，模块化的设计就是玩具绿色设计理念的一种体现（图6-39）。儿童玩具的淘汰速度快，有些玩具只是因为某个部件损坏或是因为孩子不爱玩了而被淘汰，造成了巨大的浪费。而模块化设计可以通过将具有不同功能的模块组合，体现出常玩常新的特点，提供能够迭代升级、玩法翻新的具有自我创新的玩具集群。

图 6-39　模块化玩具

模块化设计采用"积木"原理，以模块为单元，各个模块之间可以通过不同组合完成不同的功能，满足儿童不同的、不断变化的需求。玩具不再是固定的成品，而是能实现多种功能、长期使用、不断更新的产品。模块化设计要实现儿童玩具功能和结构的集成，还需要能够标准化的批量生产。同时需要功能模块相互独立，方便实现模块的组合更换。在设计时还要尽量将功能相同、寿命相近的零部件归入同一模块，便于拆卸回收和维护更换。另外，模块间能够灵活组合、功能升级拓展也是很重要的一个方面。将能够升级的零部件放入同一个模块，当孩子们要求的功能提升时，可以直接添加模块，实现组合多样、功能强大、自我升级的系列产品，从而延长玩具的生命周期，减缓淘汰速度，大幅度降低淘汰量。

6.4.1.2　玩具的选购

在"无废生活"的理念下，玩具行业在不断创新。除了绿色设计，家庭成员可以通过关注玩具产品选用的材料、生产过程、包装、回收等方面综合考虑选购玩具的品牌、品种，把好玩具进入家庭的第一关。

（1）选择使用天然或环保新型材料制作的玩具

①选用天然材料，包括木质、棉麻等制作的玩具。同时，在选材和制作中最大限度地减少对环境的损害。例如，为了减少木材等资源的消耗，一些玩具公司特别选用不再具有生物产能的人工种植经济林木。这些林木原本会被砍掉并烧成木炭，排放大量二氧化碳，污染环境。玩具公司将其回收再利用，并采用干燥工艺将边角料打成粉末进行二次加工塑型，用于制造新的玩具。很多玩具厂商还采用大豆油墨和水基油墨，比化学油墨更加易于生物分解，降解速度要快4倍。

②选用替代材料，如可回收的 PET 塑料、可生物降解的 PLA 塑料，还有甘蔗制成的环保塑料等。玩具业常用 PVC、ABS 这两种塑料，这些材料在生产过程中会使用大量的原油和电力，排出大量温室气体，并且不易降解，还会加入塑化剂及稳定剂，废弃后焚烧时会产生有害气体，对环境造成一定的危害。因此，玩具业正在逐渐采用生物塑料 PLA 、植物原料 PE 等无害的替代材料制造环境友好型玩具。例如，PLA 塑料由可再生的植物中提取的淀粉原料制成，属于一种新型的生物降解材料。制造1千克ABS塑料会排放出近4千克的二氧化碳，而制造1千克生物塑料PLA产生的二氧化碳排放量不到1千克，并且可

以与天然纤维类物质混合而不会燃烧，环保又安全（图6-40）。从甘蔗中提取蔗糖，并将其转化成乙醇，再合成植物型PE塑料替代ABS塑料生产玩具积木，不但减少了对原油等非可再生能源的消耗，还可以回收利用，二氧化碳排放总量也将减少大约70%。

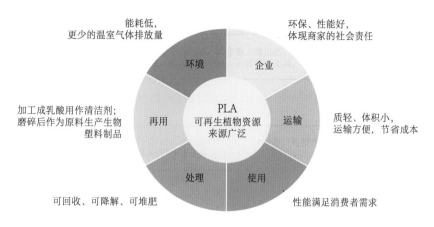

图 6-40　生物塑料 PLA 具有的突出优势

　　③选用回收材料，通常在生产产品包装或说明书时采用再生纸、再生塑料。一些玩具产品的包装和说明书已实现90%以上的原材料来源于再生纸或者再生管理机制良好的森林。一些玩具产品本身的原材料也使用回收材料，并做到安全无毒。例如，利用牛奶罐磨成塑料颗粒后，进行二次加工制成再生塑料，用于生产玩具。所使用的再生塑料每回收利用约0.45千克的牛奶罐制造玩具，节省下来的能源可以充满3000节3A干电池，供一台电视机使用3周或者一台手提式电脑使用一个月。

　　(2)选择精简包装的玩具

　　玩具的包装是生活废弃物的来源之一。在保证功能的基础上，精简包装正在成为环境友好型玩具生产的重要举措之一。例如，一些品牌的玩具取消了包装上的金属扎带，节省了大量的金属丝。同时，取消了塑料包装袋、纸质标签，减小包装盒尺寸等，减少了大量的能源消耗、林木的砍伐量。

　　(3)选择使用再生能源生产的玩具

　　一些玩具厂商考虑得更为周全，在生产制造时使用太阳能、风能等再生能源，减少火力发电所排放的温室气体对环境的影响。

　　(4)选择能够提升再利用回收率的玩具

　　玩具的使用周期短，淘汰率高。因此，提升再利用率或回收率就显得非常重要。玩具业通过推出玩具回收项目，积极倡导玩具交换、租赁、捐献等，延长玩具的生命周期，回收家庭中不需要或报废的玩具，通过加工成板凳、花盆、游乐场地砖等进行二次利用。

6.4.2　玩具的流转与变身

　　玩具不是儿童的专属，有很多成年人也很喜欢玩具。

　　环境友好型玩具的生产和选购从源头实现了废弃物的减量化。但是，大量的儿童玩具和成人玩具在弃之不用之后，仍然是所有家庭需要解决的问题。

　　行动起来，用好四招，在快乐中解决闲置玩具带来的苦恼。

第一招，闲置玩具巧流转。

　　将完好的闲置玩具擦洗干净，在亲友间交换，或者在社区的二手物品置换群中赠送给有需要的家庭，不仅能物尽其用，还能增进亲情友情，扩大朋友圈。

　　还可以通过二手物品APP、商店或网店，将闲置的玩具进行买卖，减少家庭生活成本的同时，也为减少玩具的浪费、改变消费观念作出了贡献。

　　专门的玩具回收机构也在逐渐兴起，通过这些机构也可以让家中的闲置玩具流转起来，延长玩具的生命周期。

第二招，组合重构获新生。

　　将家中的闲置玩具按照功能、损坏程度、材质等进行分类，然后进行新的组合，使玩具重获新生。

　　方法一：不同功能的玩具进行场景化组合，帮助儿童找到新的乐趣，把闲置玩具重新玩起来。例如，各种汽车、城堡、积木等组合成自创的城市或街区，创编故事情节，把闲置的玩具置于新的情境中，构成场景化玩具群组，见图6-41。

　　方法二：将有破损的玩具拆解开，将各种零部件分类，然后按照自己的新创意将零部件组装成一个全新的玩具，或者原有的旧玩具上增加一些电子元器件，让玩具亮起来、动起来，增加趣味性。这样，闲置的破损玩具就有了新的用武之地，见图6-42。

图6-41　各种功能性玩具组合成场景化玩具群组　图6-42　将废旧玩具改装成变形金刚

方法三：艺术化再利用。将闲置的玩具进行艺术化的再创造，变身为家居中的装饰物或者实用品，改变原有玩具的属性，在家居饰品或者实用器物中留住美好的童年回忆和家庭的温馨时光，见图6-43。

图 6-43　环保达人艺术化再利用旧玩具成为家居用品

第三招，DIY自制新玩具。

减少玩具的购置，利用家庭中的已有物品，家庭成员一起自制玩具，其乐融融。既减少了家庭中其他闲置物品的浪费，又能够减少玩具的购买量，还能够培养儿童的创造力，一举多得，见图6-44。

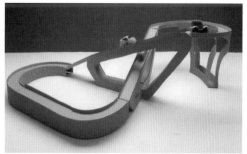

图 6-44　环保达人自制玩具

第四招，残件回收再循环。

实在无法再制造或者组合的玩具残破零件，按照垃圾分类原则，电子元器件、纸张、塑料、金属、木质等零部件投放到可回收垃圾箱中，进行回收，经过分拣、加工、再造等过程，成为再生资源用于制造出新的物品，也许会成为制造新玩具的原材料呢。

6.4.3　玩具中的"无废生活"新创意

随着新工艺、新技术的发展，将废旧玩具回收后进行再造的办法越来越多。例如，比利时的一家公司，经过两年的深入探索，最终创造出采用100%回收废旧玩具制作的

图 6-45　废旧玩具回收再造的家具

家具。这家公司将废弃的旧玩具收集、分类、清洗与研磨，将研磨出的碎屑按颜色分类，并转化成以斑点纹理为特点的家居产品。这些产品有着圆润的边沿和丝般柔滑的表面，不仅触感极佳，还非常易于清洁，见图6-45。

虽然科学技术能够助力废旧玩具的循环再生利用，但是在回收、加工、再造的过程中仍然要消耗大量的资源，增加温室气体的排放量，还有可能给环境造成一定程度的污染。从"出生"到"再生"，资源消耗和环境污染的压力伴随始终。

因此，减少玩具的购买，减少玩具的浪费是非常重要的。每个家庭对减少玩具购买和浪费都能作出贡献，同时还能降低家庭生活成本。但是，孩子们和成人们对玩具永无止境的渴求如何满足呢？玩具的租赁业务应运而生，成为新兴的服务业。玩具出租既给家庭减少费用支出，又给孩子带来更多的玩具，同时给经营者带来利润，能够"三赢"。玩具租赁正逐渐为越来越多的家庭所接受。

期待着每个家庭贡献出更好的智慧和更有效的行动实现玩具中的"无废生活"。

6.5　旧衣物的华丽转身

很多人每年都要买新款式的衣服（图6-46），包括各种各样的牛仔裤，长的、短的、薄的、厚的。长期以来，人们对牛仔裤生产中资源的消耗、对环境造成的压力知之甚少。据联合国估计，制作一条牛仔裤从棉花的生产到最终产品送到商店需要3781升的水，33.4千克碳当量的排放，制造牛仔裤是时装业中污染物排放量最大的一个，见图6-47。

随着生活水平的不断提高，购买时尚衣物成为人们展现美、展现个性的一个窗口，因此购买量快速增加，也造成了旧衣物量的激增。同时，面料的更新，科技面料的产业化，也会促使消费者选择更舒适、更具功能性的服装。所以，相同用途的衣服就可能被闲置下来。

另外，随着儿童年龄增长，产生的旧衣服数量巨大，而且每件衣服的使用时间比较短，更新速度很快。成人的衣服可以穿几年、几个季节，儿童的衣服最多穿两年就小了。有的儿童在10来岁时突然长高很多，春天买的衣服，秋天可能就短了，还很新的衣服转眼就变成了"旧"衣服！比如校服，升学之后就要更换新校服，原有校服就被"压箱底"了。

让旧衣服真正变成资源，不被浪费，成为"无废生活"中的重要内容。

图 6-46　市场上各式各样的服装

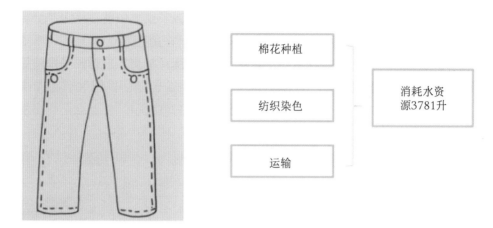

图 6-47　生产一条牛仔裤的耗水量示意

6.5.1　旧衣物与碳达峰，碳中和

　　旧衣服的丢弃是每个家庭中的常见现象，把每个家庭旧衣服丢弃的数量加起来，就是个惊人的数字。有数据显示，中国平均每人每年会购买10件左右的新衣服，但是会有3～5件被丢弃，每年被丢弃的衣服有2600吨。如此巨大的数量，从原材料加工到生产的全过程，再到消费和使用，特别是使用后的处理，每个环节都在消耗着资源，都在增加着碳排放。旧服装的减量和资源化处理，已成为实现碳达峰、碳中和的过程中不得不认真面对的问题。

　　二氧化碳过度排放是引起气候变化的主要因素，这已成为世界各国的共识。人类活动排放的二氧化碳等温室气体导致全球变暖，加剧气候变化的不稳定性，导致极端天气频繁发生，强度增大。

知识链接

碳达峰与碳中和

　　碳达峰指二氧化碳排放量在某一年达到了最大值，之后进入下降阶段；碳中和则指一段时间内，特定组织或整个社会活动产生的二氧化碳，通过植树造林、海洋吸收、工程封存等自然、人为手段被吸收和抵消掉，实现人类活动二氧化碳相对"零排放"。

　　目前，全球范围内能源及产业发展低碳化的大趋势已经形成，各国纷纷出台碳达峰、碳中和时间表。2020年9月22日，中国国家主席习近平在第七十五届联合国大会一般性辩论上宣布："中国将提高国家自主贡献力度，采取更加有力的政策和措施，二氧化碳排放力争于2030年前达到峰值，努力争取2060年前实现碳中和。"中国政府正式出台了碳达峰、碳中和的时间表。

2021年9月，国家出台了《中共中央 国务院关于完整准确全面贯彻新发展理念做好碳达峰碳中和工作的意见》。其中，"节约优先"被置于重要位置，提出"要把节约能源资源放在首位，实行全面节约战略，持续降低单位产出能源资源消耗和碳排放，提高投入产出效率，倡导简约适度、绿色低碳生活方式，从源头和入口形成有效的碳排放控制阀门"。加快形成绿色生产生活方式，已经成为实现碳达峰、碳中和的国家战略。

6.5.2　旧衣服的新生

衣服在生产过程中产生的废水占全球废水排放量的20%，碳排放量超过所有航班和海上运输所产生的碳排放量的总和。全球近60%的服装被生产出来后，一年内就会被当作垃圾扔掉，进入焚化炉或者填埋场。除了蚕丝、棉、麻等天然材质的纺织品在自然环境下能够降解外，涤纶等各种化纤成分在自然状态下都难以降解。加之纺织品中人造染色成分在降解中可能对环境带来危害，不宜选择把旧衣物当作垃圾扔掉。

旧衣服是有价值的。中国纺织工业联合会指出：每循环使用1千克的废旧衣物，可以减少3.6千克的二氧化碳排放量，节约6000升工业用水，同时减少0.3千克化肥和0.2千克的农药使用量。如果对全国每年扔掉的2600万吨旧衣服进行核算，被浪费的资源数量十分巨大，触目惊心！

下面让我们把旧衣物来一个"华丽转身"吧。

方法一，先想想，再行动。

当你打算扔一件衣服的时候，可以按照图6-48先问自己一些问题。

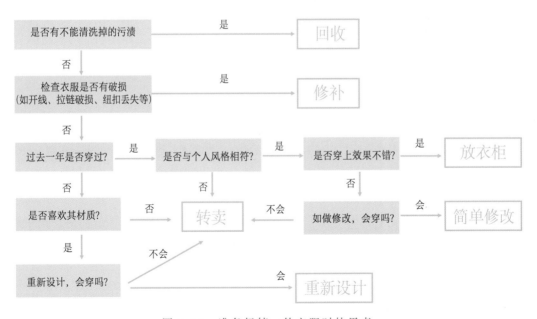

图 6-48　准备扔掉一件衣服时的思考

方法二，旧衣物的接力赛。

要最大限度地延长衣服的使用价值。在保障健康安全的前提下，将闲置衣物流转起来，把衣服捐赠给生活贫苦、急需衣物的人或把自己崭新的闲置衣物转送他人都是减少碳排放的有效途径之一。

①亲朋好友间可以形成闲置衣物的主动流转。

②在信息技术的助力下，公民自发的闲置物品交换群或联盟已经在全国各地的很多生活社区形成。家中的闲置衣物可以通过这些平台进行流转。

③目前，在很多城市已经有了上门回收旧衣服的网络平台，回收衣服非常方便。我们可以把完好、干净的成人和儿童的旧衣服整理好，通过专门的回收机构送到有需要的地方，延长衣物的原有使用价值，见图6-49。

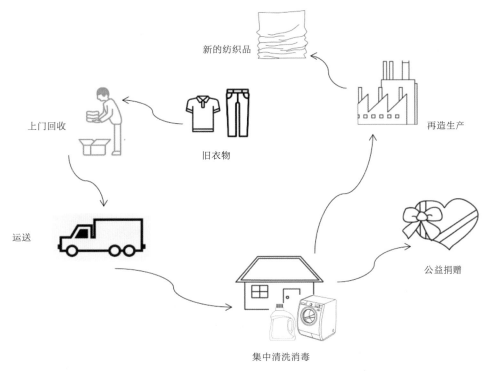

上门回收

旧衣物

运送

集中清洗消毒

新的纺织品

再造生产

公益捐赠

图 6-49　旧衣物上门回收流转与再造过程示意

旧衣服回收利用，虽然增加了运输上的消耗，但是在旧衣服的"终端"既解决了纺织品废弃物减排的问题，也能解决一部分"源头减量"问题。

方法三，旧衣物的创意改造。

这些漂亮的家居用品来自家庭旧衣物的改造（图6-50），既体现出美好的家庭生活情趣、文化品位，又能充分拓展家庭旧衣物的使用价值，实现从源头的减排。在新创意的讨论、旧衣物的分类、拆解制作、欣赏使用、转增交流中，还增进了亲情、友情。

图 6-50　旧衣物的创意改造

　　例如，将旧衣物创意改造成富有个性的购物袋，更可以与减塑减排结合起来，一举两得；将各类旧衣物重新百搭，穿出新潮流，也是一种不错的创意；将旧衣物拆解，配合家庭中其他旧物材料，来个彻底地改头换面，更可以带来惊喜。

　　让我们用自己的智慧给旧衣物插上创意的翅膀，扮靓家居生活，乐享低碳生活的精彩。

　　方法四，旧衣物的科技变身。

　　旧衣服的再造是焕发"新生命"的有效途径。定期整理家中的旧衣物，将其中无法转赠、转送的旧衣物打包，投放到社区的旧衣物回收箱中，或者通过网络旧衣物回收平台，交由专门的旧衣物回收机构进入循环再造资源化处理流程，重新再造各类纤维，制造出崭新的各类物品，使旧衣物获得新生，见图6-51。

图 6-51　旧衣物回收再加工成的新纺织品

　　生活中的废旧纺织品种类很多，有棉、毛、麻、丝、化纤、混纺等不同纤维成分。

　　一般棉、毛、麻等天然纤维制成的服装，回收后经过再加工（分拆、破碎、物理化处理等），可以制成复合材料、保温材料和填充材料。

　　化纤类服装回收后经过再加工可以制成再生纤维，例如滤网、防水材料、包装材料，主要用在建筑、交通、农业等领域。

　　废旧纺织品经过开松、加工后纤度达到22毫米以上，可以重纺面料，达不到要求的短纤可以用于汽车制造、消防用品等产业用的纺织品。

旧衣物如果得到回收利用，每年可提供的化学纤维和天然纤维，相当于节约原油2400万吨，并减少8000万吨二氧化碳的排放。

方法五，二手市场的新贵——旧衣物。

将闲置物品转卖给需要的人，既能得到一定的金钱补偿，又能让他人低价添置所需，可谓是实现了买家与卖家的"双赢"。很多闲置物品转卖网络平台具有闲置衣物转卖的服务内容，操作起来也是有诀窍的。

第一步：按照使用痕迹情况整理闲置衣物。先将衣服按照不同的穿着痕迹情况整理。①穿着次数少，基本没有使用痕迹或者使用痕迹很少的。②穿着过，经典款式，有使用痕迹但不影响美观。③节庆、特殊场合服装。

第二步：拍照。要想衣服曝光率高，被更多买家关注，需要有能够体现出使用痕迹程度、磨损程度，甚至品牌、购买记录的照片。

第三步：上传、定价，等待买家，完成转卖。旧衣服卖出的时候要有合适的价格，通常情况下价格都会降低很多，根据使用情况合理定价，才能很快将闲置的旧衣服卖出。

6.5.3　旧衣服的美妙循环

旧衣物的资源化处理是全球性的问题。因此，在世界各国都有成功的案例。从这些案例中获得启发，可以帮助我们进一步补充可持续生活观念，激发更多的好创意。

美国有很多人喜欢买二手衣物。尤其是在纽约，除去大多数公寓内的旧衣物捐赠箱，二手衣服销售网站在美国有十余家，二手商店更是琳琅满目，有时候甚至能在里面买到普通商店买不到的东西。

例如，美国有一个家喻户晓的慈善店叫Goodwill（图6-52），专供人们淘五花八门的二手货。

图 6-52　美国售卖二手物品的慈善店　　图 6-53　Goodwill 正在售卖的二手服装

在这家店里用20美元就可以买到一对配饰、两件外套、一条牛仔短裤。如果运气好，还可以用很少的钱买到名牌衣物，见图6-53。

这家二手店成为了无数美国人心中的"最爱"，经常会排起长龙。100多年来，它本着对弱势群体负责的初心，一直走到了现在。它让越来越多的旧衣物发挥出了可持续利用的价值，让购物变得利人利己、低碳环保，甚至影响了许多美国人的消费观念。

此外，还有一些普通的家庭主妇，因为旧衣服改造成为了网红，将旧衣改造发展成了美丽的事业。

在美国有一位普通的妈妈，她叫Sarah Tyau，凭借对裁缝的热爱和对环保理念的倡导，改造旧衣服，成了网红。一台简单的缝纫机、一把剪刀，一件普通的旧衣服在她手上变废为宝，焕发出新的生机。

她的缝纫技巧不多，很多时候都是直接用眼睛估量，在完全没有测量的情况下剪掉一大块布料。家里各类大人不再穿的衣服被她重新裁剪，改造成孩子们充满童趣、时尚优雅的小裙子、小礼服［图6-54（a）］。孩子们表示穿上带有爸爸、妈妈味道的衣服，感觉爸爸妈妈好像一直在身边，陪伴着自己。

不仅重新设计缝制衣服，她还给衣服重新染色，让旧衣服大变身，成为光彩照人的新品［图6-54（b）］。

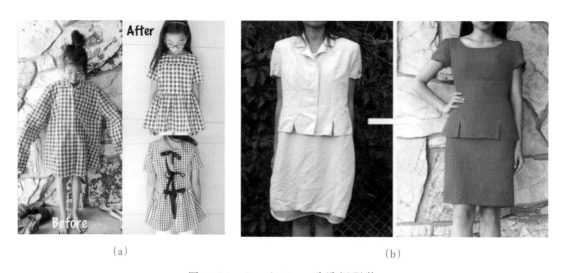

(a) (b)

图 6-54　Sarah Tyau 改造旧服装

她还将改衣过程录成视频，讲解步骤，传到网上，让没有任何裁缝经验的人也能跟着一起做。很多时候她会一边学习一边创作，"如果你是一个有激情，有天赋，有梦想的人，就利用现有资源去行动。不要一直等待，等足够的金钱、时间、资源再去做，为时已晚。"

除了改自己的旧衣服之外，她还会去旧货商店淘一些旧衣服去改造，甚至买一些大号衣服，改成适合自己尺寸的。她正在为她做的事情加大力度，打算每个星期重新设计一款衣服，并在网上同步更新她的成功作品。靠自己的创意和双手，把旧衣物变废为宝，不仅省钱，还保护了环境。通过一系列的服装改造，她把收益都捐赠给需要帮助的儿童。

旧衣服是有温度的，它曾经陪伴我们度过一段特别的时光。因为款式跟不上潮流，或者不合身了，就被随手扔掉或闲置角落中。但如果我们发挥自己的创造力，重新组合或改造，一定会有惊喜！您也来试试看吧。

6.6　"无废"里的新时尚

追求时尚是人们追求个性和生活品位的体现。每个家庭或多或少都购买过时尚品牌的物品（图6-55）。时尚品牌成为消费的风向标。正因为如此，时尚界成为大众消费的主要领域。时尚界不断创造出新的时尚概念和营销手段，引导消费者追逐购买；消费者对新潮的过度追求也刺激时尚界加快生产和销售的速度，催生出快时尚的风潮。时尚产品的年生产量不断创新高，消耗了大量的原材料资源和能源。但是由于更新快，这些快时尚的产品往往是短命的，没用多久就束之高阁或是扔掉。

图6-55　衣柜中的时尚物品

联合国欧洲经济委员会曾指出，高占比的废水（20%）和碳排放量（10%）是时尚行业污染环境的重点问题。除此之外，从原料供应到制造、运输、销售及废弃后的最终处理，都会形成对各种资源的极尽消耗，带给全球环境沉重的压力，由于数量巨大，已经成为产生废弃物的重灾区。

回顾一下自己的家庭一年中购买时尚物品的频率、数量和种类，再查看一下家里的闲置物品中有多少来自快时尚的不冷静消费？

时尚界在不断遭到谴责，大众环保观念不断觉醒，全球可持续时尚日益成为新风尚。

6.6.1　时尚中的可持续设计与再生资源的利用

可持续时尚从产品设计到原材料选择，再到生产和消费的全过程都体现出低碳环保的特点，其中很多时尚品牌正在努力实现无废循环。

可持续时尚的核心是可持续设计。可持续设计要求人和环境和谐发展，设计既能满足当代人需要又兼顾保障子孙后代永续发展需要的产品、服务和系统。它有四个属性，即自然属性、社会属性、经济属性和科技属性。自然属性是指支持生态系统的完整性，使人类的生存环境得以持续；社会属性是指在不超过维持生态系统承载能力的情况下，改善人类的生活质量；经济属性是指在保持自然资源的质量和可持续供给的前提下，使经济发展的净利益增加至最大限度；科技属性是指采用更清洁更有效的技术，尽可能减少能源和其他自然资源的消耗，建立最少量产生或者不产生废料和污染物的工艺和技术系统。

对于再生资源的使用也是可持续时尚中的重头戏。我们在购买时尚品牌时可以从其产品标签中获得信息。很多名牌产品都在加大再生资源的利用比例。

再生资源的使用得益于"无废技术"的广泛应用（图6-56）。按照1984年联合国欧洲经济委员会提出的定义，"无废技术"是指一种生产产品的方法，借助这一方法，所有的原料和能源将在原料加工和产品生产、消费、回收循环中得到最合理的利用，同时不会破坏环境。

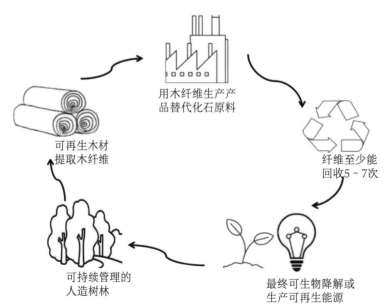

图 6-56 "无废技术"产品的循环示意

与使用原生资源相比，使用再生资源可以大量节约能源、水资源和生产辅料，降低生产成本，减少环境污染。同时，许多矿产资源都具有不可再生的特点，这决定了再生资源回收利用具有不可估量的价值。再生资源的有效使用已经成为众多时尚品牌走向可持续时尚的重要选择之一。

例如，有一家著名的运动品牌就利用回收的海洋中的废塑料作为原材料，设计生产运动鞋，它的鞋面95%来自回收的海洋中的废塑料，剩下的5%则是再生涤纶。不仅如此，鞋垫、鞋舌、鞋带等也都是用回收塑料加工而成，平均每双鞋使用11个塑料瓶。

有一种新型的环保再生面料，简称RPET。这种面料是将回收的塑料瓶等碾成碎片后，经过抽丝加工而成，每吨成品RPET纱线可以节约6吨石油，可以循环使用并有效减少二氧化碳的排放量，比常规方法生产的聚酯纤维节省近80%的能源。回收的塑料瓶可以100%再生成RPET纤维，可以用来制成T恤、休闲装、羽绒服、围巾、浴巾、睡衣、手提袋、帽子、包、雨伞、窗帘等。

6.6.2 时尚中的新选择

在我们的家庭生活中如何用可持续时尚替代快时尚呢？拒绝过度消费，少量、优质，尽可能延长使用周期，循环再造等观念可以帮助我们改善消费行为，善用每件物品，在每个家庭的"举手之劳"中既减少了家庭开支，又让家庭财富更有生活和社会价值。

①查看商品标签，或者了解时尚品牌生产过程中可持续设计的应用情况，购买用再生资源生产的时尚品牌，支持采用可持续设计生产的时尚产品，见图6-57。

②选择有回收项目的时尚品牌，将用旧的、不再使用的物品送到这个时尚品牌的回收点，支持回收再造，见图6-58。

图 6-57　时尚产品标签中再生纤维使用情况与国际再生纤维　　图 6-58　有回收项
使用认证标识　　　　　　　　　　　目的时尚品牌

③减少购买量，只购买确实需要、优质耐用的时尚物品，摒弃过度消费。清理家中的各类时尚物品，自己进行混搭设计，或者拆解重构，改造成独具特色的时尚单品。如果自己很难做到，可以送到提供时尚物品改造的店铺，实现自己的想法，见图6-59。

图 6-59　将时尚品牌改造成时尚新品

④在购买皮革时尚物品中，尽量选择利用纯植物性资源、无动物性原料及动物测试的"纯素"皮革制品。"纯素"皮革制品正在逐步替代真皮制品，成为可持续时尚的代表之一。

有研究表明，一件真皮服装比人造皮革服装多消耗15倍的资源！同时，全球销售的毛皮大多数来自特别养殖的动物，例如貂、狐狸等。全世界每年有超过1亿只动物在这些特别的养殖场被杀。为了获得完整的皮毛，很多动物在被剥皮时还是活着的！另外，因为真皮装饰品对生皮质量要求较低，有证据表明越来越多的猫狗皮毛已经逐渐渗入时尚市场，这意味着使用真皮制品或装饰品时可能是在间接屠杀我们亲密的动物伙伴，见图6-60。

制作一件皮草大衣需要：

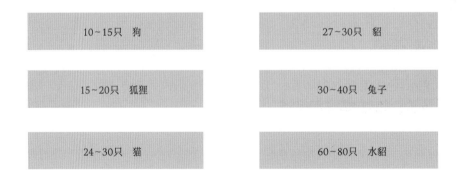

图 6-60　制作一件皮草大衣需要的动物数量

所以，拒绝利用珍稀动物或者任何野生动物制造的时尚产品，最大限度地减少使用真皮物品，就是在用行动保护地球的生物多样性，减少对环境的伤害，维护动物权益。

6.6.3　可持续时尚扮靓无废生活

可持续时尚离我们并不遥远。可持续设计、"无废技术"和"无废生活"的观念会使可持续时尚越来越多地出现在日常生活活动中。

例如，菌丝皮革（图6-61）作为"纯素"皮革的代表之一，正在时尚界兴起。菌丝皮革是把塑料、谷物渣、锯末等废料制成原材料，然后将菌类附着在原材料上产生大量的菌丝体，之后采集这些菌丝体，并经过一系列特殊处理制成"纯素"仿皮革，简称为"菌丝皮"，见图6-62。

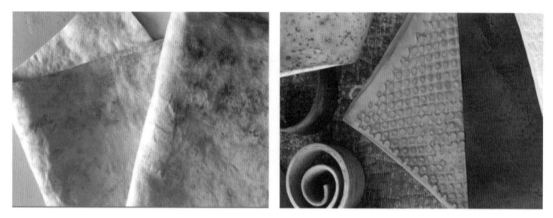

图 6-61　菌丝皮革

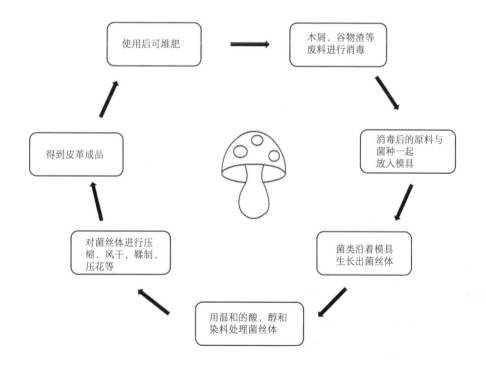

图 6-62　"菌丝皮"的生产过程示意

菌丝皮已被众多时尚品牌选用，主要是因为：①菌丝皮制品的质感能更好地替代真皮皮革；②菌类生长周期快，种植过程中消耗的资源极少，而且可以充分降解，甚至对土壤有改良作用，当菌丝皮制品完成使用价值后，可以直接进行堆肥；③菌丝皮制品对皮肤敏感的消费者更友好，因为它的成分具有天然抗菌的功能。菌丝体培养技术在不断升级，极大地提高了菌丝制品的适用范围和产量规模。菌丝皮制成的箱包、鞋、服装、家具等已越来越多地出现在时尚产品中。

可持续时尚不仅体现在个人或家庭时尚用品中，也体现在国家事务中。例如，我们国家在国庆70周年阅兵中使用的红地毯就是很好的例证。国庆阅兵用的2.4万平方米红地毯是用回收的废旧矿泉水瓶为原料生产而成，具有阻燃、抗污、抗紫外线的功能，共消耗掉40余万个废旧矿泉水瓶，约10吨。废旧矿泉水瓶通过分拣后被加工成瓶片，然后利用"瓶片再生涤纶膨化变形长丝"的方法进行纺丝，之后采用"原液着色"技术，在纺丝时添加色母粒，不用印染，减少生产过程的污染和能源消耗。每利用1吨废旧矿泉水瓶可以减少3.2吨的二氧化碳排放，相当于200棵树1年吸收的二氧化碳量。

可持续时尚还促使高等院校中设置了新型的课程和新型跨界工作场景。例如，将生物技术与时尚设计、材料研究、制造业等结合的新型课程已出现在一些大学的设计专业中；生物实验室和设计工作室的联合办公场所也在一些国家诞生。也许在不久的将来，我们的家庭成员中就有就读于这些专业的大学生，或者工作在这样的场所中。

时尚界的可持续发展行动已经在世界多地推出，越来越多的设计师和产品制造者正在采取行动减排，实现"无废"目标。

新的时尚潮流已经在敲门了！来个可持续时尚家庭计划吧，用行动展现出家庭"无废生活"的时尚品位，为促进可持续文化在生活中的普及贡献力量。

6.7　无废创客扮靓生活

随着家庭生活环境的改变、家庭成员的变化、时代的变迁，或是不同阶段心境调整的需要，家庭中的物品每年都会出现一些变化（图6-63）。

图 6-63　家中的老物件

在更新换代中，那些"老物件"成为很多家庭的"痛点"。每件"老物件"都保留着岁月的痕迹，见证了家庭生活的喜怒哀乐。有些"老物件"被精心呵护，成为代代相传的"传家宝"；有些"老物件"只是变得不合时宜，但是还能使用，弃之不舍，留之无用，成为"鸡肋"；有些"老物件"七零八落，损坏严重，被丢弃似乎成为唯一的去向；有些"老物件"其实还不算老，甚至是新的，功能完好，只是出于各种原因，不想再用了，进入二手物品流转或是亲朋好友间赠送，经常是家庭的选择。特别是随着科技进步，日常生活中的智能化新品越来越多，"老物件"在家庭物品智能化更换中已经成为每个家庭都要面临的问题。

对于那些不能进入二手市场流转或者赠送的"老物件"，扔掉了事是很多家庭的做法。但是，殊不知这种简单粗暴的方式即便进行了垃圾分类，也会在清运和处理中消耗资源和能源，增加环境压力。

2020年9月1日，十三届全国人大常委会第十七次会议表决通过的《固体废物污染环境防治法》正式开始实施。其中明确"按照产生者付费原则实行生活垃圾处理收费制度，要求县级以上地方人民政府结合生活垃圾分类情况，根据本地实际，制定差别化的生活垃圾处理收费标准，并在充分征求公众意见后公布"。例如，北京市生活垃圾分类推进工作指挥部办公室于2021年7月印发了"关于加强本市大件垃圾管理的指导意见"。按照指导意见的要求，居民将大件垃圾投放至分类投放点，应支付清运费。大件垃圾是指居民日常生活中废弃的床架、床垫、沙发、衣柜、书柜、家用电器等体积较大的物品。新规传递出"谁产生谁付费，多产生多付费"的观念。垃圾分类不能解决所有问题，能够源头减量才是硬道理。

解决"老物件"处理的家庭"痛点"，勇敢创新、努力将创意变为现实的"创客"精神将大有用武之地。

6.7.1 "老物件"中的"新"资源

源于自然资源的各种原材料经过一系列复杂的加工，被制作成各类零部件，然后将这些零部件再进行组装就制作成了我们日常生活中的各种物品。

以智能手机为例。智能手机通常有显示屏、外壳、摄像头、听筒、送话器、振铃、振动器、主板、电池等上百个零部件，见图6-64。而且，每部手机都包含一定数量的钨、钴等稀有元素，以及大量的金、银等贵金属元素，这些金属要从矿石中提取出来。英国普利茅斯大学的科学家研究发现，要制造一部智能手机，需要开采10～15千克的矿石，包括7千克的金矿、1千克铜矿、750克钨矿和200克镍矿等。全球每年生产超过14亿部手机，仅仅考虑生产手机所需要开采的金属矿石就已经数量巨大，如果再加上生产手机需要的其他原材料，每年给地球造成的环境压力是无法想象的。

包括手机在内的电子垃圾已经成为全球废弃物处理中的主要组成部分，见图6-65。

图 6-64　手机内的零部件示意

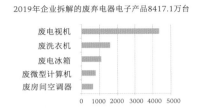

（a）2019 年各类废弃电器电子产品
拆解处理情况

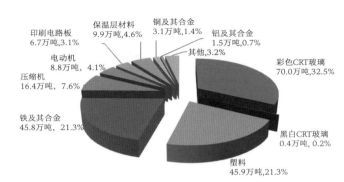

（b）2019 年废弃电器电子产品
拆解处理产物情况

图 6-65　2019 年我国企业拆解的废弃电子产品数量和拆解产物分类
（数据来源：中国生态环境部《2020 年全国大、中城市固体废物污染环境防治年报》）

　　电子垃圾中蕴含着极为丰富的资源。例如电子产品中通常用到的印刷电路板，1 吨中就可以提取出 0.45 千克的黄金。而开采金矿，每吨金矿砂只能提取 6 克黄金，最多也不过几十克。除了贵金属，印刷电路板中还含有铜、锌、铁等金属，其中铜的含量更是高达 26.8%。铜在我国是比较匮乏的资源，我国约有 62% 的铜依靠进口，而铜矿中只要达到 2% 的含铜量就可以称为富铜矿，与印刷电路板中的含铜量比起来，可谓是天壤之别。电子垃圾是有巨大价值的资源宝库。但是，这些电子垃圾如果回收拆解不当，也极易造成环境污染，对生命健康造成威胁。

　　日常生活中，除了把确实已经损坏不能再利用的电子垃圾进行分类回收处理外，对于功能正常的电子零部件或者整机，可以作为"创客"的资源，制作成具有新功能的家用物品，继续发挥作用。例如，将不用的旧手机与遥控装置组合，改造成家庭监控器，既可以方便生活，又减少了电子垃圾的产生。

不只发生在拥有各种科学实验设备的大学或研究机构，也不仅仅属于专业的科研人员，而是可以在任何地方由任何人来完成，让普通人能够实现创新制造的梦想。

无废创客，就是将创客精神与无废生活的理念相结合，创客们用创意制造践行家庭无废生活，用构成社会"最小细胞"的改变来推动整个社会形成可持续生活的新风尚。

6.7.2　无废创客显身手

要做到将废弃物减少到最少，应思考如何让创意制造出的新物品能够很好地实现使用功能，解决生活中的实际问题，从而真正延长"老物件"的"生命"，实现旧而不废。

(1)无废创客的本领

①能够发现新需求与"老物件"间的联系。这需要创客们能够熟悉"老物件"的原有功能和零部件的构成，以及每个零部件的作用。

②能够将新创意绘制成草图，并且标注出使用"老物件"上的零部件种类及位置。

③能够成功地拆解"老物件"，还原成各种零部件，进行分类整理，成为实现新创意的资源。（当然，说明书中明确不得个人拆解的部分除外。）

④能顺利地使用各种软硬件工具，按照创想进行制造、调试、修正、美化，最终成功完成新的创造，扮靓家庭无废生活。

(2)无废创客实现创想的路径

①发挥"老物件"的部分功能，将不同类的"老物件"进行组合改造，实现新功能。例如，将旧家具根据其各部分的功能改造成模块组件，将来自不同种类旧家具的模块进行组合，然后进行外观的美化，成为实现新功能的家具，见图6-66。

②对"老物件"进行艺术化的翻新或者组合，成为家居生活的靓丽风景，见图6-67。

图 6-66　"旧家具"功能模块重新组合再利用　　图 6-67　将"老物件"进行艺术化翻新

图 6-68　对"老物件"进行智能化升级

③将"老物件"增加电子元器件，进行智能化升级，这样就可以减少购置新的智能化物品了。例如，用能够实现手机APP物联网功能的智能化开关替换传统开关，实现旧灯具的智能化控制等，见图6-68。

④将旧家电改变使用方向，利用其核心功能改造成新的小家电。例如，可以将废旧电脑上的硬盘改造成移动硬盘；旧的投影机改造成智能"家庭影院"；将旧手机改造成投影仪等。

⑤把用电池的小家电改造成充电的，既方便又减少了对电池的消耗。

⑥与其他创客结成无废创客社群，分享创意和"老物件"拆解的零部件，擦出更多创意的火花，在互帮互助中实现创意改造。或者，可以参加到本地区的"创客空间"中，更方便地实现家庭无废创意改造。

⑦号召邻里，将各自家庭中具有不同时代特征的"老物件"贡献出来，组织家庭"老物件"展览，在回忆和分享中感受老一辈的奋斗历程和时代的发展，传承优秀传统文化。还可以利用这些"老物件"进行家庭故事的微电影拍摄，重温家庭的美好时光。

6.7.3　用无限创意实现无废生活

世界各地的创客们正在用各种奇思妙想带来可持续生活的无限可能。例如，有一位屡获殊荣的法国设计师乔安娜，她和丈夫在一所别墅内使用各种旧材料建设了自己的家。她的设计理念就是要将回收材料转换为居家的创意设计元素。她家客厅的沙发、门窗来自当地的二手店，实木地板来自一家伐木场废弃的边角料。地毯是一家商店的淘汰物，非常适合搭配客厅明亮的环境；冰箱来自亚马逊二手网站的商业用冷藏柜；餐厅桌椅来自当地古董店里淘来的老式餐桌椅；布艺门帘则是乔安娜自己动手，拼接各种旧布料制成的，色彩斑斓，增加了浪漫的气息；浴室的梳妆镜是用老房子的窗格改造的，别致有趣，见图6-69。

不仅个体或家庭的无废创意丰富多样，世界很多国家也在鼓励各种减少废弃物、实现零排放的创新制造。例如，根据日本媒体报道，日本在承办第32届夏季奥林匹克运动会时，日本奥组委收集电子垃圾并从中提炼了制造5000枚奥运会和残奥会奖牌所需的再生金属。收集电子废弃物的活动从2017年4月开始，到2021年3月为止，日本各地方政府收集到了近8万吨捐赠的电子废弃物；日本电信运营商门店共收集了620万部手机。从所有收集到的电子废弃物中共提炼出32千克黄金，3500千克银和2200千克铜。采用从电子废弃物中提炼出的金属来制作奖牌，是奥运史上的首次尝试。

每个人都能成为无废创客，每个家庭的努力都很重要。用无废创客行动让家中的"老物件"焕发新的生命力，既能满足家庭实际需要，又能增加生活乐趣，也能为地球家园的长久健康作出贡献。

图 6-69 法国设计师乔安娜用旧布料自制的布艺门帘和淘来的二手地毯

7 社区篇

7.1 绿地中的无废行动

绿地是社区不可或缺的组成部分（图7-1），通过绿地的物质循环和能量流动产生的生态效益，能够改善社区的生态环境。

绿地能够大量吸收二氧化碳，释放氧气，还能滞尘降尘，一些植物还具有吸收二氧化硫、氟化氢等有害气体的能力，可谓是社区的"肺"。

绿地中的植物通过蒸腾作用能够消耗热量，树木和灌丛可以减少阳光的直射，所以绿地既能提高空气中的相对湿度，还能调节局部的气温。绿地上的枯枝落叶和植被能够提高社区对雨水的涵养能力，减少内涝现象。绿地能降低风速，改善社区的通风条件，对气流的阻滞和对声波的散射，还能减少社区的噪声。绿地中一些植

图 7-1　社区中的绿地

物的芽、叶和花粉能分泌挥发性杀菌素，还具有一定的杀菌作用，根据研究，每立方米空气中的含菌量可以减少85%以上。

绿地不仅具有改善社区生态环境的功能，还能够美化社区景观。春有百花秋有月，夏有凉风冬有雪，人们在社区生活中也能欣赏到自然四季更迭的美景和勃勃生机。社区中的绿地拉近了人与自然的距离，使人们对社区产生美好的印象，提高了生活品位。因此，随着社会文明的发展进步，以及人与自然和谐共生理念的深入人心，人们对社区中的绿地越来越重视。绿地的状况成为社区中备受关注的问题之一，绿地率和绿地的养护是其中的重点，直接关系到社区的宜居程度，成为社区居民参与社区公共事务的重要内容。

绿地的使用和养护也会产生废弃物。以绿地养护中产生的绿化植物废弃物为例。据2020年统计，全国园林绿化植物废弃物达到了4000万吨。随着城市生态建设中绿地面积的增加，绿化植物废弃物还会增多。根据初步估计，北京市每年产生绿化植物废弃物超过300万吨，其中将近50%散落在各个社区中。绿地养护中产生的大量绿化植物废弃物，加上绿地使用中产生的宠物粪便、散落的生活垃圾、建筑垃圾等，构成了社区绿地废弃物（图7-2）。

绿地废弃物已成为各个社区中废弃物的主要组成部分之一。怎样才能更好地解决绿地废弃物问题，让社区"无废"，也更宜居呢？

图 7-2　社区绿地废弃物

7.1.1　绿化植物废弃物的资源化利用

社区绿地是城市绿化系统的重要组成部分，维护着城市的生态平衡，也是宜居社区的基本条件之一。住房和城乡建设部 2016 年发布了《宜居小区科学评价指标体系》，其中提出宜居社区内外绿化总面积要达到人均 2 平方米以上，小区绿化要选用乡土树种，草坪要四季常绿、不怕踩踏。

国家《城市居住区规划设计标准》（GB 50180—2018）中，根据居住区所处气候区域条件、楼层高度以及住宅楼规划的密度，对不同类型的居住区明确规定了具体的绿地率。

社区的绿地要按照国家和所在地区的标准进行建设，需要依靠日常的浇水、施肥、修剪、卫生清洁、病虫害防治等绿地养护来保持其生态功能。

> **知识链接**
>
> 绿地率是指居住区用地范围内各类绿地的总和与居住区用地的比率，是衡量居住环境质量的重要标志。大部分类型的居住区绿地率都应该大于或等于 30%（旧区改造不宜低于 25%），极个别的类型也要达到 20% 以上。在绿地中，可安排广场用地、小建筑、道路等，但必须保证 70% 的绿化面积（含水平面）；带状公共绿地的宽度不小于 8 米，面积不小于 400 平方米。

绿地养护会产生大量的绿化植物废弃物，主要包括自然凋落或人工修剪所产生的树木与灌木剪枝、枯枝、落叶、草谢、花败、枯萎的废弃花草及其他植物残体等。这些废弃物含有丰富的纤维素、多糖和木质素等营养物质，不同于日常生活垃圾，具有比较高的资源再利用价值。但是，如果采取填埋或焚烧等不当的处理方式，就有可能占用大量的城市用地，增加垃圾处理压力，还可能造成局部水体、土壤或者空气污染，阻塞排水管道、河道，破坏城市生态环境，造成资源浪费。

使用有机肥、有机覆盖物、食用菌菌棒、扦插等方法是绿化植物废弃物资源化利用的普遍方式。

①有机肥和土壤改良剂：将收集起来的绿化植物废弃物集中进行粉碎、堆肥，利用微生物进行发酵、降解，形成有机肥料，用于社区绿地的施肥和土壤改良，见图7-3。

②有机覆盖物：就是将绿化植物废弃物中的树枝、树皮、松针等粉碎成一定大小的木屑、木片等颗粒状粉碎物，直接覆盖在社区的林地、树坑、裸地、草地中的步道等，对土壤起到保温保湿、防扬尘、抑制杂草、改良土壤等作用，见图7-4。

③食用菌菌棒：把绿化植物废弃物中的枝条清洗、烘干、粉碎成粒径适宜的颗粒，然后与营养物质和水混合，搅拌均匀，制成食用菌培养料，装袋后进行高温灭菌，冷却后接入食用菌菌种，制成食用菌菌棒，用来培养食用菌，见图7-5。

④扦插：将绿化植物废弃物中适合扦插的小枝条进行扦插繁殖，用于社区的绿化，能够缩短成苗周期，减少苗木的购买，节约社区绿地建设成本，见图7-6。

以上这些方法的应用会大量减少社区的绿化植物废弃物，不仅能够实现从源头减量，还会提高社区绿地的生态功能，为社区带来环境和经济双重效益。

图 7-3　社区绿化植物
废弃物堆肥

图 7-4　绿化植物废弃物作为有机覆盖物

图 7-5　绿化植物废弃物作为
培养食用菌的菌棒

图 7-6　用绿化植物废弃物
做扦插繁殖

7.1.2　社区绿地"无废"行动

除了绿化植物废弃物，社区绿地废弃物中的宠物粪便、生活垃圾、建筑垃圾等都是人们的不当行为造成的。《中华人民共和国民法典》规定，小区内的绿地属于全体业主共有。因此，每一位社区居民都有责任保护社区绿地，也都有义务参加社区绿地"无废"行动。

通过社区工作人员的组织，或者人们的自愿联合，社区居民参加绿地养护及废弃物资源化利用的活动，既可以增进邻里和睦，更能够将"无废社区"的理念深入人心，带动更多的居民自愿投入到无废社区的建设中，共同创造更为宜居的社区。

①清理绿地生活垃圾和建筑垃圾，进行垃圾分类处理，还社区绿地的洁净美观。同时利用社区中的树枝、木条、塑料板等生活废弃物，设计制作绿地植物介绍牌、保护行为宣传牌等，提高居民保护绿地的意识，提示居民改变不当行为，见图7-7。

②利用社区中的旧木板、砖块等废弃物，修建简易集中堆肥设施，进行绿化植物废弃物堆肥，产出的有机肥可以分发给居民们用于家庭种植，也可以用于社区绿地施肥，建设社区小生态园，增加社区绿化面积，见图7-8。

③居民齐动手，结合社区实际条件，采用有机覆盖物、扦插、制作食用菌菌棒培育食用菌等方法，进行绿化植物废弃物的资源化利用，节省社区绿地养护成本，提高生态功能，分享资源化利用的成果，其乐融融。

④利用落叶和枯枝通过艺术化造型制作小型生物堆，为社区绿地的小型野生动物提供栖息地，见图7-9。

⑤按照社区绿地的分布，分区域制作"蚯蚓塔"，清理绿地中的宠物粪便，投入到"蚯蚓塔"中，利用蚯蚓的习性将粪便分解，产出无毒无臭的蚯蚓粪粒有机肥，实现宠物粪便的资源化处理。这种肥料含有丰富的有机质和多种氨基酸，是优质的有机肥，可回填到社区绿地中进行施肥和土壤改良，见图7-10。

图7-7　制作保护社区绿地的宣传牌

图7-8　社区居民共同修建
社区小生态园

图7-9　利用绿化植物废弃物
制作小型生物堆

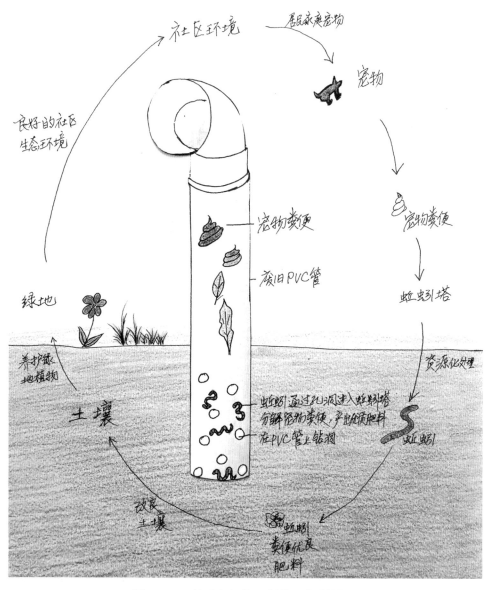

图 7-10　利用废旧物品制作"蚯蚓塔"

知识链接

"蚯蚓塔"及其制作

　　"蚯蚓塔"的制作用料简单，安装方便，非常适合社区使用。可以分三步制作：第一步，准备一截废旧的 PVC 管子（如果没有，可以用废旧塑料桶，去掉底部）；第二步，在 PVC 管子的上半部分打孔，在没有打孔的一端加上盖子；第三步，在社区绿地中找一处地方，挖坑，将 PVC 管上带孔的部分埋入绿地中；这样，一个简易"蚯蚓塔"就做好了。当需要处理宠物粪便时，打开盖子将粪便放进去就可以了。绿地土壤中的蚯蚓会主动聚集过来，通过孔洞进入"蚯蚓塔"享受大餐，分解宠物粪便，产出蚯蚓粪粒有机肥。

同时，制作宣传牌，说明宠物粪便不能直接排放到绿地中的道理。通过宣传，号召社区居民改变意识和行为，参与到自觉清理宠物粪便和资源化处理行动中，见图7-11。

图 7-11　社区为居民提供的自取宠物拾便袋装置

知识链接

宠物粪便排泄到绿地里，没有经过发酵处理是不能直接作为肥料的，反而对草地具有比较大的杀伤力，一些草皮因此而脱水枯死。以宠物狗为例，一只狗平均每天拉出粪便340克，一年就是125千克，如果社区中的宠物狗都将粪便直排到绿地中，将会造成绿地的严重损害。另外，宠物的粪便中有可能会携带钩虫、蛔虫、绦虫等寄生虫和多种病菌，喜欢在草地上嬉戏的宠物之间会相互传播，宠物与人亲近时，也会将这些寄生虫卵或病菌传播给宠物的主人。特别是当绿地养护割草时，草地上干燥后的大量宠物粪便被割草机打散、飞溅，携带病菌和寄生虫卵的粪便碎粒传播到空气中，造成污染。

⑥组织社区居民利用绿化植物废弃物进行艺术创作，能帮助居民学习了解社区绿地中的植物，提高自觉保护绿地的意识，同时亲手做一件艺术品，为社区绿地增添自然景观，感受利用自然物进行创作的乐趣，丰富社区生活，增加无废社区建设的认同感和自觉行动的意愿，见图7-12。

图 7-12　绿化植物废弃物的艺术化再利用

⑦将社区内无法利用的绿化植物废弃物集中清运到所在城市或地区的绿化废弃物资源处理中心，通过各种专业技术和设备进行集约化的资源再利用生产，为"无废城市"的建设出一份力。

学以致用

社区居民可以从清理绿地生活垃圾和宠物粪便，制止向绿地中丢弃垃圾等行动开始，根据自己的实际情况，从上面的七项行动中选择适合自己的活动参加，逐步深入到社区"无废绿地"的建设中。

7.1.3 "无废绿地"的新发展

在社区居民意识和行为的不断改进下，绿地废弃物中的生活垃圾、建筑垃圾和宠物粪便问题会逐步解决。但是，随着城市中各个社区绿地率和绿化面积的不断增加，整个城市的绿化植物废弃物总量也快速增加。社区的就地利用能够有效减量，与此同时，还需要进一步开发新的技术，提高城市绿化废弃物资源化处理能力。

例如，"生物炭"技术为绿化废弃物的可持续利用提供了途径。生物炭是在缺氧的条件下把绿化废弃物进行高温炭化而成，在改善土壤营养状况、降低环境中重金属污染和有机污染方面有巨大的潜力，也对固碳减排、保障能源安全等方面具有重要意义。

绿化废弃物由于含有丰富的碳源，可以经过粉碎、混合、挤压、烘干等工艺，制成可直接燃烧的新型清洁生物质燃料颗粒，也就是"植物煤"。这种方法能够利用绿化废弃物将大气中的二氧化碳转变为稳定的储存形式，起到"固碳"的作用，减少温室气体排放，减少化石燃料的使用。

绿化废弃物的另一个妙用是制作成新型建材。将绿化废弃物加上胶凝剂和水，制成新型建筑材料"植材砼"。根据科学测算，每立方米"植材砼"大约能"消化"0.55立方米的绿化废弃物，强度能达到混凝土C40标准，同时还具有透水、耐盐腐、色彩丰富等特性，摊铺后24小时即可完全干化，1～2天就可以投入使用。混凝土材料耐腐蚀性弱，使用多年后就需要更换，变成建筑垃圾。而"植材砼"的使用不仅将绿化废弃物资源化再利用，同时也降低了对混凝土材料的消耗，而且拆除后还可以二次使用。北京京开高速玉泉营到马家楼主辅路隔离带的施工中就使用了"植材砼"材料，见图7-13。

此外，将绿化废弃物制成板材、开发沼气应用技术等都在探索中。

社区居民意识和行为的改善能够解决绿地废弃物中的生活垃圾、宠物粪便

图 7-13　道路施工中使用"植材砼"

等问题；社区就地资源化利用可以极大地减少城市绿化植物废弃物的处理量；集约化新技术的应用还可以解决大量城市绿化植物废弃物的资源化利用。通过这"三部曲"，在实现社区"无废绿地"的同时，也让社区变得更美更宜居。

美好的社区需要生活在其中的每一位居民的自觉行动，您也是其中之一呀！

7.2 海绵城市中的"无废"新材料

地面上，暴雨后的城市"看海"已经成为很多城市频繁出现的景象（图7-14），甚至每年都会造成人身伤亡事件。地下水缺乏自然补充造成城市用水匮乏、地面突然坍塌、地下漏斗等问题严重威胁着城市生态系统水循环和人的生命安全。一方面大量雨水白白流走，同时地面径流将城市中的垃圾、污水等冲入排水管线、带入河道，造成阻塞和污染；另一方面城市对水资源的消耗巨大，遇到干旱，水资源告急，不但影响生产和生活，也会造成城市生态系统的失衡，

图 7-14　城市内涝

影响城市动植物生存，危及城市生物多样性，难以保障城市的可持续发展。

城市水循环一多一少问题的同时存在，是否有解决的良策呢？海绵城市的建设成为解决这一城市发展困境的钥匙。

海绵城市很形象地表达出在城市规划建设中尊重自然、道法自然的城市雨水管理和利用的方式，把城市建设成像海绵一样，在适应环境变化和应对雨水带来的自然灾害等方面具有良好的弹性，充分发挥建筑、道路、绿地、水系等对雨水的吸纳、蓄渗和缓释作用，有效控制雨水径流，实现自然存积、自然渗透、自然净化，也就是下雨时吸水、蓄水、渗水、净水，需要时将蓄存的水"释放"出来加以利用，使城市中的雨水自然循环起来，是提升城市生态系统功能和减少洪涝灾害发生的一种可持续发展的城市建设方式（图7-15）。

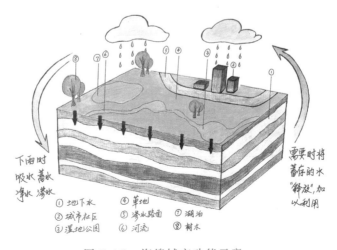

下雨时
吸水 蓄水
净水 渗水

需要时将
蓄存的水
"释放"加
以利用

① 地下水　④ 草地
② 城市社区　⑤ 渗水路面　⑦ 湖泊
③ 湿地公园　⑥ 河流　　　⑧ 树木

图 7-15　海绵城市功能示意

我国海绵城市的理念于2012年首次正式提出。2015年国家发布了海绵城市建设的指导意见，提出要加快海绵城市的建设，修复城市水生态，涵养水资源，增强城市防涝能力，最大限度地减少城市开发建设对生态环境的影响，将70%的降雨就地消纳和利用，到2030年，城市建成区80%以上的面积达到目标要求。2017年国家又进一步提出推进海绵城市建设，使城市既有"面子"，更有"里子"。

海绵城市的建设正在从道路、绿地、社区等组成城市的各个"细胞"入手，将城市改造成环境友好、人与自然和谐共生的新样态。

7.2.1　海绵城市中的"无废"新材料

海绵城市的建设观念与传统的城市建设不同。海绵城市建设体现出中国传统文化"天人合一"的理念，遵循水循环的自然规律，以柔克刚，从原有的破坏生态转向恢复生态；从末端管控转向源头疏渗；从集中处理转向分散消纳；从快速排除转向慢排缓释，在平和的循环中滋养万物，净化自身。

> **知识链接**
>
> 海绵城市建设的核心可以用渗、滞、蓄、净、用、排这六个字来概括。
> ● 渗：就是要恢复自然生态，针对城市硬化路面不透水的现象，通过改用透水铺装的路面，加强雨水的自然渗透，减少地表径流，涵养地下水，改善城市微循环。
> ● 滞：就是要延缓短时间内形成的雨水径流量，从而减少大量雨水短时间内在地面的聚集。
> ● 蓄：就是要结合自然地貌或人工蓄水池将雨水存蓄起来。
> ● 净：就是要通过土壤、植被、绿地系统等自然的方式对水质进行净化。
> ● 用：就是把净化后的水用于环境清洁、绿化、景观等方面。在干旱的季节，能够把存蓄的水用来补充各方面的城市用水。
> ● 排：就是能将超出存蓄能力的水通过市政管网排入河流，避免内涝。

海绵城市建设强调按照自然优先、生态优先的原则，采用低影响开发的设计和技术，充分利用已有的自然环境，同时建设植草沟、透水地面铺装、雨水花园、下凹式绿地等，构成城市的"海绵体"（图7-16），最大限度地实现雨水的蓄存、渗透、净化和回用，恢复水的自然循环，利用雨水资源保护城市生态环境，避免城市内涝。

在城市"海绵体"的建设中，最大限度地实现雨水下渗是至关重要的一个方面。其中的关键点之一就是要将各类道路、广场、停车场等原有不透水硬化地面改建成透水地面，"渗水砖"这种环保型新材料成为改造的"主角"（图7-17）。

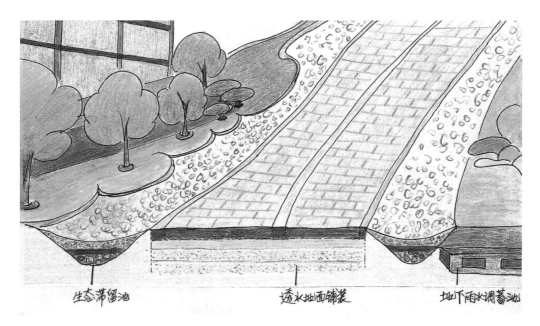

图 7-16 社区"海绵体"构成示意

图 7-17 渗水砖

　　"渗水砖"是用废陶瓷、废弃混凝土、废砖、渣土、废弃路面沥青、大理石碎料等建筑垃圾为原料，配合一定比例的水泥、特种胶结剂等材料经特殊工艺和专用设备高压制成。"渗水砖"质地坚硬，内部充满空隙，就像"海绵"一样可以吸水、透水，将地上和地下连接起来，在海绵城市的建设中被广泛应用到透水地面铺装中，见图7-18。此举既能满足海绵城市建设的需要，还能将城市建筑垃圾资源化利用，利用率可达90%，充分体现出海绵城市理念与"无废生活"理念的完美结合。

知识链接

渗水砖的八大特征：

①透水性能和透气性能强，能使雨水迅速渗入地下，补充土壤水和地下水，改善城市

植物和土壤微生物的生存条件，减轻城市排水和防内涝的压力，起到一定的防止水域污染的效果。

②能够吸收水分和热量，调节局部环境的温湿度，缓解城市热岛效应。

③防滑功能比较强，雨后不积水，雪后不打滑，能够方便人们的安全出行。

④表面呈微小凹凸状，防止路面反光，能够吸收车辆行驶时产生的噪声，提高车辆通行的舒适性和安全性。

⑤经高压而成，不易破裂，抗压抗折强度均高于建材行业铺设材料标准。

⑥抗冻性能、抗盐碱性高，使用寿命长，能够减少更换频次，节约资源。

⑦维护成本低，易于更换，便于路面下管线埋设，节省维护成本。

⑧色彩丰富、自然、耐久，包括塑模彩砖、路侧石、围树石、盲道石等多种类型，而且规格多样、自然美观、经济实惠，适合多场景的地面改造。

图 7-18　渗水砖铺装的地面

7.2.2　无废行动创建"海绵社区"

海绵城市的建设不仅需要新观念、新技术、新材料，更需要在每一个社区中实现。

社区是社会的基本构成单位，也是人们生活的基本区域，它是构成城市这个"有机体"的细胞。只有每一个社区都改造成"海绵社区"，海绵城市才能真正实现。

"海绵社区"的核心是结合每个社区的实际，运用海绵城市建设的观念、原则、技术和材料，建设社区的"海绵体"，通过源头削减、中途转输、末端调蓄，提高社区中雨水的渗透、调蓄、净化、利用和排放能力，成为可持续的生态社区。

海绵社区建设可以采用以下几种方式：

①将社区中传统的集中绿地改造成小规模的下凹式绿地，渗透到社区内的各个空间，同时增加绿地比例，见图7-19。

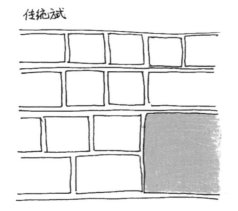

图 7-19　社区传统的集中绿地改造成小规模下凹式绿地示意

②建造雨水花园。雨水花园是自然形成的或是人工挖掘的浅凹绿地，绿地要低于周边地面，利于汇聚并吸收来自屋顶或地面的雨水，通过植物、沙土的综合作用使雨水渗入土壤，得到净化，涵养地下水，见图7-20。

在建设雨水花园的过程中，应充分利用社区的地形地貌和已有植物，辅助设施使用社区中可再利用的废旧材料，最大化地减少建设中产生新的废弃物。同时，通过生态设计和艺术化设计，赋予雨水花园为昆虫和小型动物提供栖息地、保护城市生物多样性等多样的生态功能和较高的观赏价值。

③透水地面铺装。主要是用渗水砖、嵌草砖、砾石等透水铺装材料将社区中不透水的硬化地面进行替换改造，使社区的车行道、人行道和停车场等变为具有雨水入渗、滞留、净化、地下水涵养等功能的"海绵体"，让雨水回归自然循环，减少社区雨水地面径流，防患内涝，见图7-21。

在改造中需要结合不同地面的使用功能，选择适宜的透水铺装材料。同时，需要将改造中产生的建筑垃圾进行分类回收，与渗水砖制造工厂或城市建筑垃圾处理中心联系，将这些建筑垃圾进行资源化利用，做到透水地面的"无废"改造。

④修建植草沟。植草沟适合在社区地势较低的狭长地区或者是社区景观中，依地势自然条件修建，通过喜湿耐旱的植物、土壤、沟底的砾石和砂层以及微生物构成的小型生物滞留设施，起到迟滞雨水径流，拦截地表径流的泥

图 7-20　社区中的雨水花园

图 7-21　社区中的透水地面铺装

沙和污染物，并蓄渗、净化雨水的作用，还能够在缺水时加以利用。同时，植草沟中的微生物可以形成一层生物膜，对污染物起到一定的降解作用，见图7-22。

在修建植草沟时，可以将社区中的碎石、碎砖、瓦砾等建筑废弃物作为沟底的砾石层材料；植物可使用社区绿地养护中修剪下来的枝条进行扦插育苗种植，力求减少新材料的应用。

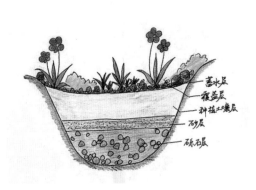

图 7-22　修建植草沟示意

7.2.3　海绵城市建设中的"无废"新视野

海绵城市建设不是推倒重来，而是对原有的雨水管理系统和城市水环境进行生态化的改造。"无废城市"源头减排、资源化、无害化利用等理念为海绵城市建设提供了新的可能性。

图 7-23　修建屋顶绿地

海绵城市建设，关键在于不断提高"海绵体"的规模和质量，在最大限度地保护原有河湖、湿地、坑塘、沟渠等"海绵体"的生态功能不受城市建设活动影响的同时，充分利用城市建筑、社区、道路、绿地与广场等，新建一定规模的"海绵体"，修建中更大比例地采用建筑废弃物、绿化废弃物、矿渣以及可再利用的生活垃圾等资源化再利用制造的各类新型材料，同时就地取材，最大限度地减少废弃物的产生和资源、能源的消耗。比如，在条件允许的情况下，利用本地植物和再生新材料修建屋顶绿地（图7-23），滞留雨水，还能节能减排、缓解热岛效应，同时增加了绿化面积，为"碳中和"作出贡献，让城市中的绿地"沉下去"，更多地实现雨水的蓄渗、净化和回用。

图 7-24　美国波特兰雨水花园

推动屋顶雨水回收利用工程，能够将屋顶雨水收集储存起来应用于日常生活中，减少自来水的使用量，在海绵城市建设中实现水资源的节约。例如，瑞士民众参与了一项花费小、成效高、实用性强的雨水利用计划，以一家一户为单位，在房屋的墙上打个小洞，用水管将屋顶流下来的雨水引入室内的储水池，然后再用小水泵将收集到的雨水送往房屋各处，用来冲洗厕所、擦洗地板、浇花等。在瑞士，许多建筑物和住宅外部都装有专用雨水流通管道，内部建有蓄水池，将雨水资源化利用，解决除饮用之外的其他生活用水。民众使用这种节能型房屋还可以获得减免纳税的奖励。

此外，可通过运用低影响开发设计，最大限度地保护原有自然循环系统，不用"伤筋动骨"，通过巧妙地组合和结构设计，以及再生利用材料，实现海绵城市的功能，同时营造美丽的城市自然景观。例如，美国波特兰雨水花园（图7-24），设计师通过叠水体系、植物体系和石材体系的构建，有效控制了雨水径流量和污染。在解决了雨水排放问题的同时，还创造了美好的景观，成为低影响开发设计的典范。

利用各类废弃物制造海绵城市建设新材料有了新的发展，新的透水地坪，建筑垃圾再生骨料、再生混凝土、环保陶瓷生态砖、海绵体园林废弃物混凝土等品种不断出现。

不论是海绵城市，还是无废城市，都是在从不同的角度实现可持续生态城市，无废城市的理念应与海绵城市建设结合起来，在融合中创新，让城市与环境更友好，也让城市人居环境更宜居。

7.3　物业服务新体验

通常情况下，生活社区的房屋建筑及设备、市政公用设施、绿化、环境卫生、环境容貌、生活秩序等方面的维护、修缮会由受到委托并签订了合同的物业公司进行管理。社区物业每天都会处理很多事务，也是社区居民经常往来的场所（图7-25）。作为社区公共事务的窗口，社区

图 7-25　社区物业办公室

物业是否能够在进行物业管理、日常办公中做到物尽其用、节约资源、减少废弃物的产生，对于"无废社区"的建设非常重要，这不仅关系到社区事无巨细的各项管理、维护、修缮等环节的节能减排和社区生活的品质与文化，还关系到国家创建"无废城市"中社区物业自身的发展和社会形象。

宜居社区是人们向往的美好生活，"无废社区"是通往美好生活的必由之路。在各项物业管理事务中应该让社区居民感受到"无废生活"带来的社区变化，用"眼见为实"的各种公共事务办理行为传播"无废生活"的理念，社区物业可以通过每天的"潜移默化"成为社区"无废生活"的示范，点燃社区居民共同建设"无废社区"的热情和意愿。

7.3.1　物业服务中的绿色办公

7.3.1.1　绿色办公与绿色企业文化

社区物业要成为"无废社区"的行为示范，树立良好的社会形象，建立自身的绿色企业文化至关重要。

绿色企业文化包括培养工作人员的绿色意识，在各项工作中自觉减少资源浪费，降低废弃物的产生；选择环境影响小的运输工具，提高运输工具的装载率，减少运输带来的环境影响；进行"绿色采购"，参考国家颁布的《企业绿色采购指南》，以绿色低碳理念选购物品，充分考虑减少环境影响、低碳循环、节约资源、利于回收、健康安全等因素，根据《环境标志产品政府采购实施意见》选购和使用具有环境标志认证的产品，不采购危害环境及人体健康的产品；履行绿色包装管理，不使用过度包装及不符合回收要求或被列入"高污染、高耗能、高环境风险"的产品，减少办公中的包装材料，使用再生或可再生材料包装、可降解包装，回收包装再利用等。

其中，环境标志产品需要获得"中国环境标志"（图7-26），它是一种官方的证明性标志，获准使用该标志的产品不仅质量合格，而且在生产、使用和处理处置过程中符合环境保护的要求，与同类产品相比，具有低毒少害、节约资源等环境优势。中国环境标志产品认证由国家指定的机构或民间组织依据环境产品标准及有关规定，对产品的环境性能及生产过程进行确认，并以标志图形的形式告知消费者哪些产品符合环境保护要求，对生态环境更为有利，便于消费者进行绿色选购。通过消费者的选择和市场竞争，可以引导企业自觉调整产业结构，采用清洁生产工艺，生产对环境有益的产品，最终达到环境保护与经济协调发展的目的。我们国家已经与德国、韩国、日本以及澳大利亚等国签订了环境标志互认合作协议。中国环境标志已成为国家推动循环经济战略的重要手段。

图 7-26　中国环境标志

绿色办公是绿色企业文化的直观体现，主要是指在日常办公中珍惜每一度电、每一滴水、每一张纸等各种办公资源和用品，能够做到绿色采购，使用环境认证产品，使用各类与环境友好的用品；能够自觉做到节约资源，减少废水、废气等污染物的排放；能够做到物品的重复利用、资源化再利用，从源头减少固体废弃物的产生；能够做到垃圾分类回收，减少办公场所的人均碳排放，实现办公中的节能减排和碳中和。

7.3.1.2 如何做到绿色办公

"绿色办公"能够实现低碳办公、"无废"办公，还能减少办公成本，也利于身心健康。

知识链接

(1) "绿色办公"可以减少室内空气污染

室内空气中存在 300 多种污染物，有约 60% 的人体疾病与室内污染有关。据世界卫生组织有关资料表明，全球每年因室内环境污染致病死亡的人数达到 280 万。我国每年因室内空气污染引起的死亡人数也已达 11.1 万人。

(2) "绿色办公"可以减少细菌病毒

据一些研究检测表明，鼠标、电梯按钮、复印机"开始"键、传真机、冰箱拉手、电话、电脑键盘等是办公室里细菌集中的地方，这些地方的细菌随着手指的触摸不断增加，一天中能增加 19% ~ 31%。在办公室发现的细菌中，比较常见的是流感病毒、葡萄状球菌、大肠杆菌等，免疫力低的人很容易被传染。

实现"绿色办公"一是要改变工作人员的意识观念和办公行为，二是从办公场所的建筑结构和材料、设施设备、环境设计、办公采购等方面实现办公环境和服务的全方位节能减排。其中，办公场所建筑结构等方面的改造往往会需要较大投入，还会受到一些因素的制约，不易实现。但是，办公行为和常用办公设备、设施、用品，以及办公环境的改进，只要办公观念改变，用较少的投入就可以实现。通常可以从下面几个方面将传统办公改变为"绿色办公"（图 7-27）。

随手关灯

及时关闭电源

空调限定温度

随手关闭水龙头

图 7-27 举手之劳 节能降耗

①改进办公用品的采购和使用，尽量购买使用再生材料和清洁生产工艺的产品，优先选购具有中国环境标志的产品，不购买过度包装物品；各类办公用品及包装尽可能重复利用，推动无纸化办公，纸张双面使用，减少办公用纸、一次性用品和塑料制品的使用，减少各类办公废弃物的产生；办公用品应按照规范的方法使用，爱惜设备设施，加强日常维护和维修，尽可能使用共享设备，减少同类设备的重复购置，尽可能延长使用寿命。

②改进用电行为，设备闲置时，关闭部分功能，例如电脑显示屏；工作结束时及时关闭电脑、打印机等设备，避免待机耗电；办公区域做到随手关灯、关闭空调等，空调温度夏季不低于26℃，冬季不超过20℃；使用节能照明设备，合理布局，分路控制，适当采用声控、光控开关；尽量减少电梯的使用，减少能耗；在适合的地方使用太阳能，提高可再生能源的使用率。

③改进用水行为，使用节水用具，及时关闭水龙头，注重用水设备及时检修，避免跑冒滴漏；进行雨水、空调水回收再利用，一水多用，绿植、景观尽可能使用再利用的水，节约水资源；办公会议减少瓶装矿泉水的使用，自带饮水用具。

④改进用餐行为，不用一次性餐具，减少塑料制品的使用；倡导光盘行动，弘扬"浪费粮食可耻"的文化观念；进行垃圾分类，尽可能进行厨余垃圾堆肥等就地资源化处理，减少厨余垃圾的产生。

⑤改进办公交通出行方式，倡导绿色出行，尽量多利用公共交通工具，或者同单位多人拼车的方式，减少单人使用公车，减少私家车使用，进而减少能源消耗和空气污染。

⑥改进办公废弃物处理行为，尽可能通过维修、改造、重复利用等办法"变废为宝"，进行废弃物再利用，减少垃圾产出量；设立分类垃圾回收处理箱，按照分类标准进行垃圾分类回收。

7.3.2　社区物业绿色办公巧施行

绿色办公重在日常的办公行为的改变。特别是社区物业，日常办公中接触的大多是社区居民，看似都是平常的琐事，但是行为的改变却能带来大变化。例如，据有关测算，如果全国10%的纸张选择双面打印、复印，那么每年可减少耗纸约5.1万吨，节能6.4万吨标准煤，相应减排二氧化碳16.4万吨。

典型案例

　　惠普公司的调查显示，如果每天有10万的办公人员在下班的时候能够随手关闭电脑，就能节省高达2680千瓦时的电量，减少1600千克的二氧化碳排放量，这相当于每月减少2100多辆汽车上路。

　　一项来自IBM的评估表明，该公司全球范围仅因鼓励员工在不需要时关闭设备和照明，一年就将节省1780万美元，相当于减少了5万辆汽车行驶的碳排放量的成本。

"勿以善小而不为",社区物业的绿色办公既能改变自身更能改变社区。不需要大动干戈,只需要从物业办公的点滴做起,逐步实现绿色办公。以下这几点建议可以参考:

①盘点清库,弄清楚物业办公闲置设备、用品库存以及正在使用的设备、物品的状况,做到心中有数。同时,对照绿色办公的要求,查找问题,分门别类进行改进。

②制订并严格执行社区物业绿色办公标准和管理办法,对物业工作人员实行绿色办公的情况进行考核、奖励,激励员工不断改进。

③组织物业工作人员进行实践培训,分析查找办公行为中不符合绿色办公要求的问题,进行绿色办公行为培训和演练,改变意识,掌握方法。

④物业工作人员齐动手,改变办公场所陈设布局,多利用自然采光,做到设备资源共享,维修加固设备设施,减少购置,减少废弃物。

⑤组织物业工作人员开展"变废为宝"行动,利用各类办公废弃物改造成办公室内的装饰,种植绿植,改进办公环境。

⑥进行年度评估,测算实行绿色办公后减少物业办公成本的情况及对社区带来的积极改变,结合这些变化组织面向社区居民的绿色办公宣传活动,提高物业员工的成就感,同时增强社区居民对物业绿色办公的了解和支持,用实际行动带动居民参加到"无废社区"的建设中,并聘请社区居民监督物业绿色办公执行情况,形成共建的良好氛围。

学以致用

社区居民可以向社区物业提出"绿色办公"的具体建议,帮助物业逐步改进办公行为。有"绿色办公"理念的社区物业,也用同样的理念进行社区环境的改善,有利于"无废社区"的建设。

7.3.3 绿色办公新潮流

在社区物业实施绿色办公可以带动"无废社区"的建设,如果坐落在社区中的更多的公司、政府机关、学校都能够实行绿色办公,就会产生更大的推动力量。

以Etsy这家国外的创意电商平台公司为例。这家公司对企业的社会责任和环境责任非常看重,"做有社会良心、透明和人性化的生意,建立一个更加充实和可持续的世界"是这家公司的核心文化理念。它的办公场所是绿色办公的典型代表,从其总部办公场所的三个方面就可见一斑:

①重用回收的、无毒的材料,负责任地采购及丢弃。在Etsy总部办公区共使用了1500 ~ 2000种材料,经过对众多家供应商产品的筛选、审核,保证了出现在办公空间里的所有物件不含任何有害有毒化学物质,并且其中所有木制品的原材料都来自木材种植与生产领域的相关环保认证。比如,Etsy对于原材料的距离都有相关的规定,不能太远,因为这样运输消耗的能源就太大。所以,办公采购的木制品家具中的50%都来自公

司办公室所在地区。他们还会努力减少办公场所建设时产生的废弃物，经过多种减废策略，90%以上的建筑垃圾都得到了重新利用。

②能源与水。Etsy在办公场所的屋顶铺设了太阳能电池板，为办公建筑提供1%的能源；其余99%的能源也是由当地的、可再生的太阳能远程供电。办公场所全部使用LED节能灯。办公区还充分利用大窗户，充足利用自然光，这样每年为公司节约约80000千瓦时的能源。而且在靠近窗边的地方安装了照明光控设备，根据自然光线的强弱控制灯光照明的强弱，提升了办公场所对能源的利用效率，见图7-28。同时，这个公司办公区安装了雨水收集系统，把雨水收集在水箱里，灌溉大部分的室内绿植，节约了水资源。

图 7-28 Etsy办公场所的屋顶太阳能电池板和办公区的采光控制

③成为社区中可持续发展的示范。Etsy总部办公室定期举办社区居民参访活动，办公区中的装饰品、标识系统、陈设、设施设备、办公用品、办公方式都让当地居民从材料选择、节水、节能等多方面了解可持续发展的相关知识。它还定期举办创意活动，成为社区的文化中心。

此外，市政府机构也为所在社区的绿色办公作出示范。例如，北京市市政市容委办公楼的楼梯间规范垃圾桶摆放，严格按照提示正确进行垃圾分类投放；机关办公使用再生纸，办公用纸双面打印，不使用一次性纸杯和餐具，在办公中倡导尽量使用可重复利用的设施及物品；机关还采取节水节电的措施，倡导按需用餐，减少餐厨垃圾。

"不积跬步，无以至千里"，绿色办公能够让"无废社区"的建设在社区管理中落到实处，虽然只是"无废社区"建设的一个侧面，但是带给社区居民的影响深远。"心有所信，方能行远"，绿色办公新潮流的兴起让人们见证了可持续生活理念下的发展新面貌。如果每一个工作场所、每一间办公室都能够绿色办公的话，"无废生活"就会更快地实现。从自己工作的场所开始吧，用行动带来改变！

7.4 跳蚤市场的"无废"贡献

社区中的家家户户或多或少都有一些闲置的物品。作为个人和家庭，大多通过亲朋间转赠、网上闲置物品回收平台、公益捐赠站点、网上二手物品转卖平台等方式处理这些闲置物品。通过这些渠道，的确减少了个人和家庭中闲置物品的浪费，减少了废弃物的产生。除了亲朋间的转赠，其中大部分的过程更多地体现着物物的交换或者把自己的物品"给出去"的单边活动，由于缺少面对面的交流，往往出现信息不对等，导致无法完成回收、交换或售卖的现象。同时，安全性也不能有效保障，缺乏监管。更重要的是，依靠个人或家庭的生活观念和好恶的消费过程，难以形成新的消费文化和氛围。

现在社会生产力快速发展，各种产品十分丰富，消费早已不再是生产结果的被动接受，而是能够引导生产活动的一种文化主导力量。消费文化是人们在社会生活以及消费活动中表现出来的消费理念、方式、行为以及消费的总和，是社会文明的重要组成部分。

作为城市"细胞"的社区，是聚居在一定地域范围内的人们所组成的社会生活共同体。通过有组织的社区活动，能够促成社区居民在较强的、富有凝聚力的互动关系中形成稳定的、具有持久维系力的社区文化。因此，通过社区组织的跳蚤市场，在人们经常性的闲置物品交换互动中，可以逐步形成新型消费理念的群体性认同，进而改变消费方式和行为，形成新的消费文化。

所以，社区的跳蚤市场不仅是"需求对换"的场所，更是生活观念、经验、故事、信息等文化交往的场所，应该成为"无废生活"中不可或缺的重要推动力量。

7.4.1 跳蚤市场中的消费新理念

"跳蚤市场"是在一定的场地内阶段性临时聚集的、由一个个摊位组成的非营利性物品交换场所，出售或易物交换具有完好使用价值的旧物，或者未曾使用过的闲置物品。小到衣物饰品，大到家用电器等多种生活用品，价格低廉，远远低于新货价格，根据新旧程度还可以议价，见图7-29。

"无废生活"不是不能产生固体废弃物，而是要达到固体废弃物较高程度的资源化利用。在可持续发展理念下，通过资源节约和循环利用的绿色发展模式，以及勤俭节约的绿色低碳生活方式，能够在生产活动和社会生活中最大限度地减少资源消耗和固体废弃物的产生，推进固体废弃物源头减量、资源化利用和无害化处理。跳蚤市场正是"无废生活"中资源回收再利用的重要途径。

"无废生活"的首要原则是源头减量，其次是再使用、再生利用、分类资源化利用，最后才是无害化妥善处置，使资源和产品的经济价值最大化，废弃物产生量最小化。没有经过垃圾分类回收处理就随便丢弃的做法是与"无废生活"背道

图 7-29　跳蚤市场

而驰的。垃圾分类回收处理，虽然能够实现固体废弃物的资源化和无害化利用，但是在集中堆放、转运和分类处理过程中也要付出环境代价，存在危害环境的风险。

知识链接

有研究表明，固体废弃物填埋和焚烧分解过程中产生的温室气体，为全球气候变暖贡献了5%的温室气体。同时，已采用填埋等方式处理的废弃物正在释放重金属、持久性有机污染物、病毒细菌等有毒有害物质，严重危害人体健康和生态安全。因此，人们探索通过对固体废弃物进行回收再利用来减少原生资源的开采，形成"变废为宝"的资源循环利用模式。但是，这种模式是在废物产生后的循环利用，仍然存在废弃物收集处理过程中产生污染的问题。所以，"固体废弃物倒金字塔"理念才是"无废"循环模式的核心，倡导通过维修、再利用、捐赠等方式力求物品使用价值最大化，减少固体废弃物的处理量，见图7-30。

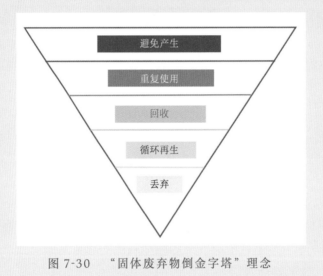

图7-30 "固体废弃物倒金字塔"理念

"无废生活"崇尚自然简约、绿色低碳的生活方式，既能满足自身需要又不损害环境，自觉抵制能耗大、污染重的生活物品，以较少的废弃物产生达到较高的生活水准。同时，充分发挥物品的使用价值，不轻言丢弃。既能从生产中减少废弃物产生，又能从生活中减少废弃物的产生，这两方面相结合完整地构成了"无废生活"所倡导的源头减量。

因此，追求以自然和谐、简约适度、低碳环保、物尽其用、循环再利用为核心的新型消费文化应该成为社会主流文化的重要内容，从而对生产和经济发展产生引导作用。其中，共享经济、二手物品交易、租赁等新兴行业为闲置资源合理流动和利用提供了途径。

社区跳蚤市场是有组织的二手物品交易场所，在持续性、安全性、文化倡导等方面能够发挥出更大的作用。"让有限的资源无限地循环"是举办跳蚤市场的宗旨，能够营造社区"无废生活"的良好氛围。它早已不是一些人的心血来潮，更不是可有可无的点缀，而是可持续生活的代名词，应该成为"无废社区"建设的重要组成部分。

7.4.2 跳蚤市场带动"无废生活"

社区跳蚤市场为社区居民提供了可靠的闲置物品交换和议价买卖的场所，社区可以定期举办"无废生活"文化交流，带动居民支持和参与"无废社区"的建设。

要想组织好跳蚤市场，需要考虑以下几个方面。

①突出新型消费文化，传播"无废生活"理念。这就需要对跳蚤市场的组织方式、内容和环境营造做好精心的设计，还需要用生动活泼、时下流行的方式做好宣传，并在活动中做好交换和议价买卖行为的引导，倡导以物为媒介的生活理念和故事的分享交流，强化"将闲置物品流转起来，物尽其用、循环利用，利国利民"的核心宗旨，不以买卖为目的，保障活动的愉悦氛围。

②制订跳蚤市场的活动规则，并严格过程管理，形成自觉行为。特别是对入市的物品种类、品质、安全性等方面要作出明确的规定，例如食品类、药品类等不应入市；入市物品应该限定为有明确出处的家庭闲置物品，杜绝批发商品的买卖和违法获得物品的交易等。跳蚤市场的规则制订可以邀请居民代表共同参与，并且通过业主会议的认同。还需要做好规则的宣传，既是让社区居民都能够知晓和认同，也是对新型消费文化和"无废生活"理念的传播。"无规矩不成方圆"，这些规则一旦发布，在活动中就需要严格执行。

③选择好场地，做好开市的准备。场地需要开阔，便于进出。摊位布局需要合理规划，尽量做到大小均衡。场地内提供的用水、用电以及辅助性设备要保障安全、方便。对于特殊天气需要有预案。

④广泛宣传和动员，发动更多的居民参加到跳蚤市场中。可以采取微信群、小程序、楼内公告、小区超市等多种方式，将跳蚤市场开市信息和注意事项传播到社区的每家每户，引导各家各户清理家中的闲置物品，参加到交换和议价买卖中，感受"无废社区"的文化氛围和乐趣，激发持续参与的热情，从而带动消费观念和生活方式的转变。

⑤做好典型事例、人物和故事的宣传分享，促进社区主流文化的形成。身边真实生动的故事最能打动人心，因此在跳蚤市场组织的过程中，还需要留意居民展现出来的美好事例，把这些动人的真人真事在社区传播，带动更多的居民向往"无废生活"的美好情趣，从而乐于持续参加到跳蚤市场的活动中。

典型案例

北京市大兴区亦庄镇组织的"无废生活"闲置物品交易活动就收到了很好的效果。当天，社区组织了互动游戏等形式多样的宣传活动。在闲置物品交易区，家电、书籍、日用品、五金、儿童玩具等应有尽有。参与的居民带来家里一直闲置不用的物品，低价分享或者相互交换给邻居们，见图7-31。

跳蚤市场帮助亦庄镇的居民将闲置物品流动到更加合适的地方，在这个过程中也让人们意识到勤俭节约、绿色低碳的生活方式是可以做到的，也是很有意义的。

图 7-31　北京市大兴区亦庄镇组织的"无废生活"闲置物品交易活动

社区是一个多代人共同生活的区域。跳蚤市场闲置物品的交换，也是中华民族勤俭节约美德的传承，能够影响社区的孩子们，让"无废生活"的种子植入孩子们的心中，逐步形成对新型消费文化和"无废生活"理念的认同。

跳蚤市场让社区各个家庭中的闲置物品"动了起来"，帮助居民在"无废生活"中迈出实实在在的一步，还增进了社区居民的友谊和互助交往及对社区文化的认同与归属感，这些成功的经验和美好的感受会激励居民更深度地参与到"无废社区"建设中，形成新型消费文化的载体。

学以致用

　　社区居民可以向社区管理者提出举办"跳蚤市场"的建议，还可以与其他热心的居民一起帮助社区进行策划，协助组织，作为社区"跳蚤市场"第一批的参与者，在业主大会上，或者社区微信群中可以发挥倡导带动的作用，宣传可持续发展理念的新型消费文化。

7.4.3　跳蚤市场推动消费新风尚

闲置物品交换对于环境的效益被世界各地的人们所认同，一些地方还结合当地的文化变成了城市的特色。

比如，日本东京的"东京蚤之市"跳蚤市场（图7-32）成立于2012年，每年的5月和11月举办，是当地规模最大、人气最旺的跳蚤市场。很多去当地旅游的人，也会饶有兴致地去逛逛。古董家具、日用杂货、二手书是这个跳蚤市场基本的组成单元。为了增加吸引力，还设置工作坊、创意市场和娱乐的区域。东京跳蚤市场的火热场面，一方面是二手集市带来的热闹感，像"节日"；而且增设的演出、娱乐、创意区域吸引了年轻人，成为时尚"打卡地"。另一方面，东京作为资源匮乏的城市，形成了一种愿意使用、喜欢老物件的氛围。

图 7-32   日本东京的"东京蚤之市"跳蚤市场

我国河北省石家庄市流行一种"换客"的潮生活。社区中的超市小店为附近居民提供闲置物品交换的场所，洗衣机、电脑主机、微波炉、安全头盔、节拍器、手套、书……林林总总，种类丰富。这些物品都可以通过以物换物的方式带走。店员帮助"换客"带来的物品估价，按照相应的价值，其他"换客"可以交换自己需要的物品。如果没有找到需要的物品，可以兑换积分，到加盟的其他超市置换。这种加盟的方式，让长期闲置的物品得到了更好的流通。对于居民来说，以物易物比废旧物品回收能够得到更多的快乐和经济价值，对于社会来说，是建立"无废社会"的利好举动。

广东省佛山市的常教社区建立了居民闲置物品交换共享小屋（图 7-33），收集社区居民家中的工具箱、玩具、图书等闲置物品。同时，呼吁商家捐赠其库存的实用性商品，供给有需要的社区居民使用，让闲置物品得到新生。居民想使用这些闲置物品，需要通过志愿服务的积分进行兑换。目前，共享小屋已有实体场室，希望通过在社区探索时间、物品、技能、空间、知识等的共享，打造"熟人社区"，一方面实现资源的循环利用，另一方面能够加强居民之间的互相沟通，增进感情。

跳蚤市场还有很多不同的方式，比如专注于手工艺品，专注于二手服装，专注于陶瓷等各类专题式跳蚤市场；周期上有每月开放的，也有每个季度，或者按照季节开放的。世界各地的跳蚤市场十分多样，很多市场都成为所在城市的一道亮丽的风景，成为可持续发展生活的现实画卷。

跳蚤市场成为实现"无废生活"的重要途径，新型的消费文化也在闲置物品的交换和议价买卖中生根发芽。它已经成为一种绿色生活的新风尚。加入其中，让自己家中的闲置物品也能焕发生机吧！

图 7-33   广东省佛山市常教社区的共享小屋

7.5 设施中的"无废"新风尚

近年来，随着社区建设的不断改善，很多社区都增设或改建了很多设施，既方便了老百姓的生活，又使社区的环境越来越好，见图7-34。社区中设施种类繁多，例如街道照明、健身器材、儿童娱乐、各种管线、道路、建筑、绿地等，居民的生活依靠这些设施提供保障。社区物业的重要工作之一就是维护这些设施的正常运转。对于无法维修的设施，或者是不符合新的标准和要求的设施都要进行更换。因此，社区中总是会看到物业工作人员正在更换某些设施的场景。

社区进行设施新建或改造的过程中，难免产生一些废弃物。特别是老旧小区，更是以完善小区基础配套设备为切入点，对居民用水、用电、用气以及道路维修、楼道设施修缮、更换门窗、外墙添加保温层、加装电梯、改建小区绿化等方面进行改造。在改造的过程中会产生砖瓦、金属、塑料、石棉、木材、渣土等各种废弃物，数量非常大，需要很多车辆进行清运。"积少成多，集腋成裘"，一年下来，由于设施的更新和改造产生的废弃物的总量也是不容忽视的。如果是进行大面积的改造，产生的废弃物就更多了。

在"无废社区"的建设中，对于社区中的设施更新如何做到源头减量、资源化和无害化利用，还真得动一番脑筋。

图 7-34 社区中的健身设施和儿童娱乐设施

7.5.1 设施更新中的"无废"思维

社区的发展建设是国家建设的组成部分。在可持续发展理念下，在生态文明建设的推进中，循环经济是国家建设遵循的发展模式。因此，社区也需要按照循环经济的模式进行建设。

循环经济是一种资源循环型经济，核心是资源节约、循环利用与环境和谐，通过在各类产品的生产以及使用的过程中采取"低开采、高利用、低排放"的方式，使所有的资源能够在"资源—产品—使用—再生资源—新的产品"的经济循环中得到合理和持久的利用，把对自然环境的影响程度降到最低。

国家发展和改革委员会对循环经济是这样定义的：循环经济是一种以资源的高效利用和循环利用为核心，以"减量化、再利用、资源化"为原则，以低消耗、低排放、高效率为基本特征，符合可持续发展理念的经济增长模式，是对"大量生产、大量消费、大量废弃"的传统增长模式的根本变革。

循环经济模式的根本目的是要尽可能减少资源消耗，避免和减少废弃物的产生。其中，废弃物的再生利用只是为了减少废弃物的最终处理量。因此，循环经济"减量化、再利用、再循环"的"3R"原则不是并列的，"减量化"属于输入端，旨在减少进入生产和消费流程的物质量；"再利用"属于过程，目的是延长产品的服务时间；"再循环"属于输出端，目的是把废弃物再次资源化，减少废弃物的最终处理量。处理废弃物的优先顺序是：避免产生—循环利用—最终处置。也就是首先要在生产源头就充分考虑节省资源，减少废弃物的产生；其次是对生产源头和消费者使用过程中产生的废弃物加以回收利用，使它们回到经济循环中；只有当避免产生和回收利用都不能实现时，才将最终废弃物进行环境无害化处理。循环经济的最高目标是要实现从末端治理到源头控制，从利用废弃物到减少废弃物产生的"质"的飞跃，从根本上减少自然资源的消耗，从而减少环境污染，见图7-35。

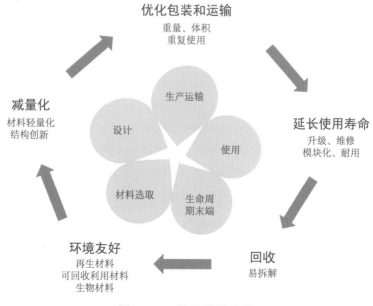

图 7-35 循环经济示意

所谓"无废"，也要依次按照循环经济的"3R"原则对待社区各类设施建设和改造中用到的各类资源和产品，也就是源头避免、重复使用、循环再生。源头杜绝或减少废弃物的产生，可以极大地缓解后续各个环节的压力，应该被优先考虑。重复利用和循环再生起到垃圾减量、变废为宝的作用。

社区建设和改造中所使用的各类设施都来源于各种产品。使用什么样的产品，在使用的过程中能否减少消耗，更换下来的老旧和破损物件如何处置都是建设"无废"社区需要考虑的维度。根据循环经济的模式，首先需要考虑设施更新或新建是否必要；其次，如果必须更新或新建，就要优化设计，减少所用物品的消耗，同时选用低能耗、低消耗、环境污染小、便于回收再利用的生产工艺所生产的产品，如果能利用再生材料制成的产品就更好了；再有，就是对更新下来的设施部件或者改建中的边角料加以就地再利用，用于其他方面的设施改造或者社区建设中；最后，对社区无法消纳的废弃物进行分类回收，运往相应的固体废弃物处理中心，进行资源化、无害化处置。

知识链接

"快墙"是利用矿业固体废物生产的一种新型建筑材料。它以无机钛镁板作为面材，用固体废弃物作为主要填充物，生产出来的产品还可以再次重复使用。其中填充物的生产充分利用了纤煤灰、尾矿、煤矸石等矿业固体废弃物。这些固体废弃物经过分类后，由筛分设备选出粒度合适的材料，然后通过输送机传送到破碎机破碎，当粒度达到一定标准后，再由筛分设备完成结尾工作，最后以填充物的形式进入无机钛镁板的生产线，实现变废为宝。快墙的安装采用成品模块化方式，施工现场不切割、不批灰、不打磨、没有扬尘，基本实现施工现场不产生建筑垃圾，实现绿色施工。快墙的使用还可以实现速装速拆、重复利用，循环再生，见图7-36。据统计，旧建筑拆除所产生的建筑垃圾占我国建筑垃圾总量的58%，快墙无废拆除对于减少建筑垃圾起到了非常大的作用。

图7-36 用"快墙"修建的办公场所

社区建筑设施的更新、改造或新建，是社区设施使用和更新换代中固体废弃物的主要来源。在进行社区建筑设施改造或新建时，可以参考绿色建筑评价指标（图7-37），在选址、设计、建造、运行、维修、更新和拆除等全方位采用巧妙的设计、独特的结构和节水节电的配套设施，既减少废弃物的产生，也能使整个建筑设施对环境影响最小并节省资源。

三星级标识　　　　　　二星级标识　　　　　　一星级标识

图7-37　中国住房和城乡建设部2021年发布的绿色建筑标识

还有一个思路，就是设施改建或更新施工的过程中做到"无废"。"无废工地"能最大限度从源头减少材料损耗，在施工现场进行分类回收，在施工中再次综合利用，把施工中的废弃物降到最少。

7.5.2　"无废社区"设施善利用

在社区设施新建、安装、使用、更换、拆除、改造等过程中要做到"无废"，需要巧思善用。

①改变使用功能，能不拆就不拆，巧妙装饰，旧貌换新颜。

典型案例

　　例如，北京的789艺术中心（图7-38）所在社区，经过与艺术家的合作，社区中原有的工厂设施和废旧材料都被利用起来，经过艺术化的外部装饰和内部使用功能的改变，成为现代艺术中心，破败的工厂变成了艺术创意的空间。

图7-38　北京789艺术中心

②选购环保工艺生产的利于拆装再利用的产品或新材料，减少拆除或改建中的废弃物。无损拆装不但会减少大量的废弃物，还能节约支出。

③尽量建设规格兼容，能够组合，便于更换零部件的设施，这样在维护中只需更换破损的部分，不用整体拆除改建。即便是拆下来的设施，也可以用于其他设施上，从而减少废弃物的产生。比如，在建设健身休闲设施或者儿童娱乐设施时，社区中不同区块的设施相互兼容，设施由能够方便拆卸的零部件组合而成，甚至某些娱乐设施就是由废旧设施的零部件再利用制作而成。

④加强日常维护，减少损坏，延长设施的"生命周期"。社区中的很多设施只要加强日常维修维护，就可以及时解决设施的小问题，以便能够防微杜渐。比如锈蚀的栏杆、门窗等，及时除锈并采用防锈蚀的办法，就可以避免由于年久失修造成的设施损坏，从而减少设施更换，实现"无废"。

学以致用

社区居民可以经常观察社区中的设施情况，如果发现有松动或者小的损坏，就赶紧通知社区物业进行维修，减少更换，见图7-39。同时，在日常使用社区公共设施时，加以善用，看到破坏设施的现象应该尽量规劝和制止，带动周边的居民自觉维护，在保障安全的前提下，努力延长社区公共设施的使用寿命。还可以向社区物业提供新型环保设施设备的信息，供社区物业选择。

图7-39　年久失修的护栏

7.5.3　设施中的"无废"新创意

只要从"无废"的目标出发，开动脑筋，力求减少废弃物，很多新的创意就会迸发出来。例如，"双奥之城"的北京市，在举办2022年冬奥会时，把冬奥组委会办公区放在了首钢旧址，那些储存炼铁原料的筒仓、料仓变身为世界瞩目的冬奥会办公场所，成为绿色奥运的典范。

北京首钢2011年正式停产迁出首都。首钢旧址的改造展现出"无废"理念下的创意。设计师们着重进行了设施的使用空间功能改造。为了实现多元功能，拆除了一些结构以消除安全隐患，打破原有空间的限制，用修旧如旧的理念使用新材料，保留标志性的工业元素。堆积原料的筒仓、料仓变身冬奥组委办公楼，给钢厂电厂存煤的精煤车间变作国家冬季运动训练中心，炼钢高炉变身首钢工业历史博物馆，高高的冷却塔改造成滑雪大跳台，钢厂的发电厂变成了高端酒店，最大限度地对旧设施进行再利用，减少了拆除和新建设施的资源消耗和大量废弃物的产生，见图7-40。

图 7-40　利用首钢旧址改造的 2022 年北京冬奥组委会办公区

英国著名的伦敦贝丁顿零碳社区也是社区设施"无废"创意的典型代表。在贝丁顿社区的建设中，为了节约能源，使用的钢材中有95%来自旧建筑拆除中的回收旧钢材。在采暖系统设施中，大量使用玻璃暖房，以便最大限度吸收太阳能，并且加装墙壁隔热夹层、保温窗户，从而摆脱对传统取暖方式的依赖，也减少了因为采暖带来的煤渣、木材等燃料的废弃物。在通风系统的设施中，采用风帽和以风为动力的自然通风双管道，一个管道送进去新鲜空气，一个管道排出室内的空气，室内空气排出时对输入的冷空气进行预热，减少通风过程中的一部分热消耗，也减少了风扇、空调等设备的购置。

设施中的"无废"还有很多新材料、新技术、新方法的应用。但是，最重要的是社区工作人员、物业管理人员以及居民的观念转变。当"无废"成为创意的目标，那么社区中闲置、破损、老旧的设施就会成为施展奇思妙想的空间，社区也会因此而增添新的情趣。设施"无废"需要更多人的创想和行动来实现！

7.6　社区中的修理站

随着家庭收入的提高，各种物品越来越丰富且更新换代加速，修理服务在很多社区变得越来越少了，经常见到的就是一些配钥匙、修拉锁、修鞋等服务（图7-41）。还有一些修理服务会出现在社区开展的一些活动中，但只在特定的时间和环境下进行。社区的各家各户每年都会因为物品损坏无法维修产生家用电器、家具、生活器具等废弃物。不但如此，因为缺少修理服务，人们逐渐养成了只要稍有损坏就扔掉的习惯，导致大量的资源浪费和废弃物处理量的增加。

其实，这些大量的废弃物中，有很多都是经过修理能够被再利用的。"新三年、旧三年、缝缝补补又三年"的勤俭节约精神曾经在中国广为流传。现在，"无废生活"的理念让人们重新回想起自己的父辈或者更远的先辈们请匠人修补锅碗、眼镜、桌椅、手表，自己动手修补家里的用品后满足地端详的身影。最大限度地发挥每一件物品的价

图 7-41　志愿者帮助社区居民维修物品

值，通过修理延长物品的"生命周期"，是废弃物源头减量的必经之路。

同时，用各种工具将损坏的器具恢复生机，也是充满成就感的愉悦过程。美国的一项调查显示，当被问到"什么时候觉得自己的爸爸是超人？"，有66%的儿童认为是当他们看爸爸修东西的时候。现在，在很多国家正在兴起"维修权"运动，号召人们自己动手修理故障设备，维护自己的维修权。因为，参与这项运动的人们认为，"自主维修"是一项权利，"每个人都有维修自己私人物品的权利，如果自己不能维修，就不能算真正拥有。"甚至还有专门的网站向公众提供拆机分析、电子配件使用指南、维修提示以及工具包。

其实，"自主维修"是可持续的新潮生活方式，通过自己动手修理物品，延续物命，减少不必要的产品消耗，减轻了过度消费带来的环境负担，这不是"抠门"，而是"无废生活"的最好体现。

因此，在社区中建立修理站，为各家各户提供"自主维修"的便利条件，恢复社区多种维修服务，应该成为"无废社区"的典型特征。

7.6.1　修理再用，缩小生态足迹

生活中使用的各种物品都是经过了漫长的过程才到我们手中的，在"原材料开采或种植、养殖—加工—制造—运输—储存—分销—购买—使用—报废—丢弃—处理"的物品生命周期中，每一个过程都要消耗地球的自然资源，还会向环境排放出废弃物。我们使用这些物品采取不同的观念和行为，会留下不同的生态足迹。

生态足迹通常被用来衡量人们的生产和生活行为对环境产生的影响。简而言之，减少废弃物，就会减少对环境的影响，也就会缩小"生态足迹"。

通过维修来延长物品的使用周期，减少废弃物的产生，也就会使我们的"生态足迹"缩小。正所谓，小维修，大作用！

知识链接

生态足迹又叫"生态占用"，在 20 世纪 90 年代初，由加拿大的里斯教授提出。

人类的衣、食、住、行等生产和生活活动都需要消耗地球上的资源，并且产生大量的废弃物。生态足迹就是用土地和水域的面积来估算人类为了维持自身生存而利用自然的量，从而评估人类对地球生态系统和环境的影响，也就是在现有的技术条件下，某一人口单位（一个人、一个城市、一个国家或全人类）需要多少具备生产力的土地和水域，来生产所需资源和吸纳所产生的废弃物。

比如说，一个人的粮食消费量可以转换为生产这些粮食所需要的耕地面积，他所排放的二氧化碳总量可以转换成吸收这些二氧化碳所需要的森林、草地或农田的面积。因此，它可以形象地被理解成一只负载着人类和人类所创造的城市、工厂、铁路等的巨脚踏在地球上时留下脚印的大小。

生态足迹的值越高，代表所需的资源越多，对生态和环境的影响就越严重。在生态足迹的计算中，各种资源和能源的消耗被折算为耕地、草场、林地、建筑用地、化石能源土地和海洋（水域）这 6 种生态生产面积类型，见图 7-42。

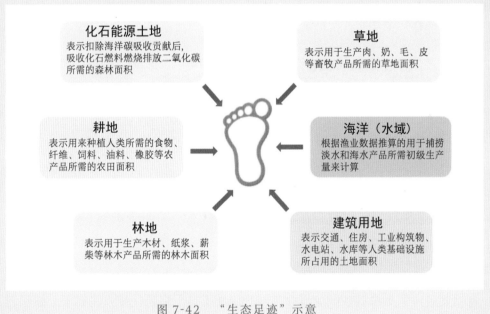

图 7-42 "生态足迹"示意

7.6.2 社区修理站助力"无废生活"

社区修理站的建立可以有很多方式。不论是哪种方式，都需要突出"无废生活"的理念，同时还能方便居民的使用。社区维修站更可以成为社区的维修创意空间，在居民共享互助中增进友谊，用自己的双手拯救破损的器物，乐享自主动手制作的乐趣。

方式一，为"维修达人"提供场所，服务社区居民。

每个社区都有一些热心肠的老人，他们"身怀绝技"，又愿意参与志愿服务，能让废旧物品焕发新生。在这些"身怀绝技"的老人们带动下，大家也愿意将废旧物品拿出来"拾掇拾掇"，继续使用。例如银川市的一位70多岁的老人就"身怀维修绝技"。他在社区成立了维修互助站，不到10个月的时间，这位"维修达人"就为居民免费维修了392件电器。

方式二，建立定期服务的社区志愿维修队，为社区居民排忧解难。

物尽其用，修后重复使用，是需要通过行动延续下去的。社区可以组织能够定期提供维修服务的志愿维修队，帮助居民解除各种物品修理的烦恼。例如，北京市的某个社区就有一支志愿维修队，不仅为居民讲解维修知识，介绍维修方法，还帮助居民维修家用小电器、水管等。社区居民之间的互帮互助是有温度的，减少的是垃圾，增加的是温暖。居民之间的互助形成了一种"言传身教"，志愿维修队用行动传承勤俭节约的精神，影响更多的社区居民转变观念，形成良好的"无废"社区建设氛围。

方式三，传承传统修复手艺，让社区修理站成为文化精神的传承地。

经过祖祖辈辈的实践和沉淀，留下了很多传统的修复技术，有些还被列入非物质文化遗产传统手工艺。社区可以将这些传统修复技术的传承人请进社区修理站，请他们向居民们传授锔瓷（图7-43）、榫卯家具修理（图7-44）等传统的修复技术，传播中华文化勤俭节约的传统美德，将这种美德与"无废社区"建设结合起来，焕发出新的光彩。

图 7-43　锔瓷

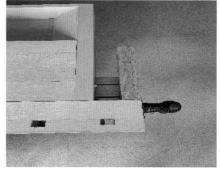

图 7-44　维修加工用的木工桌

方式四，将共享和自主修理结合，建立社区修理共享空间。

社区的各个家庭中或多或少都会有一些修理工具，但是往往只是钳子、螺丝刀、扳手等常用的简单工具。一些电钻、台钳、万用表等比较专业的维修工具和设备家庭是不具备的，或者只是备有一两样。这也是造成家庭自主维修不方便的原因之一。社区组织建立的修理站正好可以解决这个问题。社区可以集中购置一些家庭中没有的维修工具和设备放在社区修理站中，或者号召居民将家中富余或闲置的工具放在修理站，供社区居民共享。居民可将自己家里损坏的物品带到修理站，进行自助或者互助维修，还可以带领孩子们到修理站参观学习，将修理站发展成为社区的修理创意空间，说不定还可以成为社区的创客空间呢！

学以致用

社区居民可以充分展现自己的能力，成为社区居民间互助维修的达人，与社区其他维修达人一起带活社区维修。没有维修技术的居民，可以将自家需要维修的物件送到社区维修站，也可以贡献家里闲置的维修工具放在社区维修，让大家共享，支持社区维修站，也支持"无废生活"。还可以带着孩子到维修站观摩学习，这也是"做中学"，特别符合现代教育理念，学到的知识和技能、感悟到的生活理念以后一定会派上用场。

7.6.3 维修助力"无废生活"新发展

网络技术的发展给社区修理服务提供了新途径。居民可以在专门的维修服务网络平台上完成"订单"，社区维修站收到信息后上门服务，通过线上形式，就近整合零散的维修人力资源，给更多的维修达人提供展现本领的机会。也能带活社区维修服务行业，提供就业机会，满足居民维修物品的需求。

再比如共享单车的维修再利用。由于维修不及时等原因造成了很多共享单车废弃品。大量废弃单车集中堆放，不仅浪费空间还会产生大量的废旧金属、塑料、电池等废弃物，污染环境。现在有一种技术可以利用北斗-GPS-格洛纳思三模精准定位回收损坏或老旧的共享单车，再由物流运输至仓库，由专门的维修人员针对车轮变形、坐垫、龙头、链条损坏等问题进行维修，修好后再投放使用。针对替换下来的零件和已经不能再维修的车辆，进行拆解、分类回收，进行资源化、无害化处理。还有人发起了跨国公益活动，将维修改造后的共享单车运送到东南亚贫困地区，为那里的儿童提供单车，作为他们上学的交通工具，解决上学路远缺少交通工具的问题，受到当地居民的欢迎，见图7-45。

社区修理服务的恢复和发展，是用实际行动践行国家倡导的生态文明理念，应该成为"无废社区"建设的必备内容。不论是自主维修还是互助维修，都延长了社区家庭物品的使用时间，实现废弃物源头减量，同时还可以发挥自己的创造力，带来非同寻常的成就感。

图 7-45　共享单车助力贫困地区儿童上学

7.7　社区堆肥巧应用

图 7-46　青岛市社区居民进行厨余堆肥

随着国家循环经济和生态文明建设的不断深入，垃圾分类已经普遍开展起来。虽然开展的程度不太相同，但是将生活垃圾按照可回收物、厨余垃圾、其他垃圾、有害垃圾这四类，在社区进行分类投放、分类收集、分类运输、分类处理，已成为基本的垃圾分类实施途径。

2018年由国家五个部门联合发布了《公民生态环境行为规范（试行）》，号召每一位社会公民都能够参与到生态文明建设中，为建设"美丽中国"贡献力量。"无废社区"是建设"美丽中国"的重要基础。社区中每天来自各家各户的厨余垃圾数量大，在社区生活垃圾中占有很大的比重。如果不能及时清运，还会造成社区环境污染。由于空间有限，家庭厨余垃圾堆肥只能解决一部分的问题，而且厨余垃圾中的部分成分不宜在家庭中进行堆肥处理。因此，在社区中建立集中的堆肥设施，消纳全部社区厨余垃圾，就成为"无废社区"建设的主要内容之一，见图7-46。

7.7.1　社区堆肥知多少

堆肥，是指利用自然界广泛存在的微生物将固体废弃物中的有机物转化为稳定的腐殖质的过程。堆肥其实就是利用微生物进行有机物发酵的过程，将固体有机废弃物"变废为宝"，制成有机肥，改良土壤，肥沃土地。这种有机肥含有丰富的营养物质，能够增加土壤保水、保温、透气、保肥的能力，还能够修复由于施化肥造成的土壤板结、土地退化等问题。农作物秸秆、杂草、树叶、泥炭、有机生活垃圾、餐厨垃圾、污泥、人畜粪尿、酒糟、菌糠等有机废弃物都能用于堆肥，经过堆制腐解而成有机肥料。

在社区产生、在社区处理、在社区利用，堆肥是实现厨余垃圾就地资源化处理行之有效的办法。经过很多实践尝试发现，好氧堆肥是比较适合社区堆肥的，因为简单易行，制成的肥料品质也比较好，对周边环境的影响小。

好氧堆肥是在有氧的条件下，借助好氧微生物的作用来进行。在堆肥过程中，有机废弃物中的可溶性有机物质透过微生物的细胞壁和细胞膜被微生物所吸收；固体的和胶体的有机物质先附着在微生物体外，然后在微生物所分泌的胞外酶的作用下分解为可溶性物质，再渗入细胞内部。微生物通过自身的氧化还原和生物合成的生命活动把一部分被吸收的有机物氧化成无机物，并释放出能量，供微生物生长和活动；把另一部分有机物转化合成新的细胞物质，使微生物生长繁殖；那些没有被微生物直接利用的残留有机物转化为腐殖质，也就是肥料。同时，有机废弃物堆积时会产生60～70℃的高温，可以杀死有机废弃物中所携带的病菌、虫卵和杂草种子，达到无害化。

堆肥的过程中，要千方百计地为好氧微生物的生命活动创造良好的条件，才能加快堆肥腐熟和提高肥效。例如，堆肥前要对不同的有机废弃物加以处理，首先要把有机废弃物中混入的碎玻璃、石子、瓦片、塑料等剔除；其次是要对有机废弃物粉碎，增大接触面积，利于腐解；还需要注意各类原料间的配比，堆肥用料的干湿度也要适宜，不然不但会影响堆肥效果，还会生虫子，产生臭味儿。

图 7-47　简易厨余堆肥装置放置在
社区地势较高的地方

对于社区堆肥地点的选择也是有讲究的，要选择地势相对高一些，背风向阳，便于投放厨余垃圾、社区绿化有机物废弃物等堆肥原料，也便于分装运送肥料的地方。在现场制作或安装堆肥设施前，还要将选用的地面进行平整，见图7-47。

现在互联网上能很容易地找到社区堆肥的方法。概括起来主要有以下四种。

①"三明治"堆肥法。堆肥装置制作简单，还能利用社区中的一些木板、砖块、塑料板等废弃物来进行装置的搭建。在堆制过程中翻料、填料也比较方便。

②蚯蚓堆肥法（图7-48）。这种方法主要是在堆肥装置中投放厨余垃圾、绿化有机废弃物等，然后通过养殖蚯蚓，或者在装置上打孔吸引土壤中的蚯蚓进入装置，依靠蚯蚓的习性来"吃掉"有机废弃物，排放出来的蚯蚓粪便就是上好的有机肥。蚯蚓堆肥装置制作起来也比较简便，使用过程中也不用翻动装置中的有机废弃物。

图 7-48　蚯蚓堆肥

③波卡西堆肥法。需要制作密闭的堆肥装置，投入厨余垃圾等有机废弃物，然后加入适量的菌剂，通过间歇性厌氧发酵分解有机废弃物，产出有机肥料。这种方法对装置的密闭性要求高，并且需要加入活性菌剂。产出肥料周期短一些，但取出的肥料还需要

图 7-49　社区厨余垃圾处理站

自然腐熟一段时间再使用。

④购置适合社区使用的现代厨余垃圾处理设备，安装在社区垃圾分类装置旁边，便于社区居民投放厨余垃圾（图7-49）。这种方法需要社区投入一定的资金，但是操作起来相对简便，比较安全整洁。目前社区中厨余垃圾就地资源化处理设备有多种技术路线，有的是利用微生物将厨余垃圾分解成有机肥料，有的是将厨余垃圾变为饲料补充剂、生态肥原料和生物柴油原料，有的则是将厨余垃圾分解为二氧化碳和水进行无害化处理后排入污水处理系统。国家在"十四五"期间将加大社区中厨余垃圾处理设施的建设，但是要选择社区适宜的技术路线。

典型案例

北京市海淀区学院路街道的二里庄社区利用一小片空地安装了一台厨余垃圾资源化一体机（图7-50），同时开辟屋顶花园（图7-51），不但将社区厨余垃圾就地变"废"为"肥"，还增加了立体绿化面积，美化了社区环境。

这台社区厨余垃圾资源化一体机一天能够处理250千克厨余垃圾。社区居民家庭、菜市场、餐厅等把厨余垃圾投放进去进行处理，经过24小时就变成肥料了。然后由社区工作人员将这些肥料放在屋顶花园设置的"厨余堆肥晾晒区"晾晒48小时，就变成可以养花的营养土了。社区每周处理两次，一次处理厨余垃圾100千克左右，能出花肥15千克。这些营养土既用于社区绿地养护，还分给养花的居民。

社区建设的厨余垃圾资源化处理站、屋顶花园不但解决了厨余垃圾就地资源化问题，还起到了宣传教育的作用，吸引居民更积极主动地参与到垃圾分类中。

图 7-50　社区厨余垃圾资源化一体机

图 7-51　社区屋顶花园

社区厨余垃圾堆肥，不但可以解决各个家庭无法消纳的厨余垃圾，还能解决社区超市、果品菜店、餐馆等产生的有机废弃物，以及社区绿地养护中产生的绿化有机废弃物。当然，社区集中厨余堆肥，要与家庭厨余源头减量结合起来，首先从家庭端实现厨余减量，然后再进行社区集中堆肥，双管齐下，解决厨余垃圾社区就地资源化利用问题。

社区厨余垃圾就地堆肥处理，还能够避免运输，减少能源消耗和可能造成的二次污染，减少温室气体的排放，也是实现"双碳"目标的社区贡献。

7.7.2　社区堆肥巧安排

要想实现社区堆肥，不仅要依靠社区管理部门和工作人员，还要发动社区居民参与其中。根据一些成功的案例，可以总结出以下几点经验。

①请推行社区堆肥的社会组织或专家到社区来，手把手对社区居民和工作人员进行实践培训，掌握基本的方法，明确需要注意的事项。

②组织工作人员和社区居民志愿者代表到取得成功的社区现场观摩，感受社区堆肥带来的社区环境、邻里关系、社区文化等方面的变化，坚定信心。

③组织社区热心的志愿者跟工作人员一起，对社区各个点位的厨余垃圾数量进行评估，分析整个社区有机废弃物的来源、类别和总量，结合社区所处的地理环境、气候条件等，确定社区厨余堆肥采用的方式方法和具体地点。

④组织社区居民一起建设社区厨余垃圾堆肥装置，号召居民将家庭中的厨余垃圾投入社区堆肥装置中，并将绿地种植和养护中产生的绿化有机废弃物一起进行混合堆肥，社区志愿者和工作人员做好堆肥的日常管理。

⑤组织社区居民实地观测并了解堆肥的进展，在社区中进行宣传，吸引更多的居民参与其中。

⑥出肥后，将这些优质的有机肥分装，回馈给社区居民，特别是参与到社区堆肥中的居民。还可以举办正式的活动，增加活动内容，宣传堆肥道理和收获有机肥的幸福喜悦。

⑦组织各个家庭用社区堆肥产出的有机肥进行小种植的活动，增进友谊，也进一步传播社区堆肥取得的成效。

⑧组织社区居民共同维护堆肥装置，持续参加堆肥行动，带动居民逐步形成习惯。

⑨组织居民与其他社区进行交流，总结经验不断改进社区堆肥的具体做法，把堆肥与"无废社区"绿地养护、社区种植等其他内容结合起来，成为凝聚社区居民、传播"无废生活"的纽带。

学以致用

作为社区中的居民，可以向社区谏言献策，更重要的是从自己做起，发挥特长，参与到社区厨余垃圾资源化处理的活动中，将家庭厨余垃圾减量和社区厨余垃圾就地资源化处理结合起来，跟其他居民一起让社区充满"无废生活"的情趣。

7.7.3 社区堆肥新发展

社区堆肥是城市有机物资源化处理的主要方式之一，很多国家都有成功的经验可以供我们借鉴。例如，印度南部城市班加罗尔的社区堆肥就很有特色。班加罗尔是一个千万级人口的大城市，为解决垃圾围城现象，出台了"社区堆肥政策"，以行政小区为单位，进行分散式堆肥，包括家庭堆肥、城市街边堆肥、就地堆肥等。其中，街边堆肥用于就近处理周围散户（非居住小区）产生的厨余垃圾，堆肥的设备设施由公益组织和政府提供支持，见图7-52。

图 7-52　印度班加罗尔的街边堆肥

社区就地堆肥在小区内完成，以好氧堆肥为主，实现物质循环。普遍使用一种带菌的椰砖作为堆肥的调节物质，控制蚊虫、气味和渗滤液。

我国青岛市上流佳苑社区成功实现了具有特色的社区堆肥（图7-53）。这个社区建立了堆肥公共空间，堆肥箱由社区工作人员和居民志愿者、物业管理者共同制作，并且现场安装，采取多个堆肥箱组合使用的方式。堆肥志愿团队从启箱、厨余与干料配比、工具配备、温度测量，到翻箱通风、湿度控制、椰糠处理、腐熟筐制作、堆肥筛制作，事事亲力亲为，边学习边实践。由于分发给居民的有机肥深受居民喜爱，社区管理部门、物业、小区施工队、小区设计公司、社区堆肥志愿团队和社会组织一起集思广益，共创共建了一个社区堆肥低碳循环实践公共空间。居民把家中的厨余垃圾，社区把绿化垃圾，通过堆肥变成富含腐殖质的土壤，再重新回归利用到社区绿化种植养护中。同时，在这个公共空间还开展了制作手工皂、香蕉皮堆肥等儿童社区教育活动，为社区孩子们带来了绿色循环的实践。居民领取有机肥在家庭种植中用起来，获得了从未有过的体验。这个小小的空间，承载了政府、社区、物业、社会组织、社区志愿者、社区居民与社会各界的协同共治，体现了共建共治共享理念，带给人们美好和谐的社区生活。

图 7-53　青岛市上流佳苑社区富有特色的社区堆肥活动

社区堆肥不仅解决了厨余垃圾的问题，还带动了"无废社区"多方面的建设，在共同参与中改变着居民的生活观念。让我们行动起来，参与到生活社区堆肥活动中吧，你一定会有不小的收获。

8

旅行篇

8.1　隐形的车票

出行购票已成为人们日常生活中的一部分（图8-1）。在很多70后和80后的记忆中，儿时卖票的游戏还记忆犹新：拴着红色皮筋的铅笔在自制的纸质"票据"上潇洒的一划，敏捷地撕下来递给"乘客"。而随着时代的进步与技术的发展，昔日的纸质车票越来越少，取而代之的是隐形的电子公交卡，见图8-2。

电子客票在民用航空业率先使用，是一种不通过纸质票据方式进行乘机与相关服务的客票形式。电子客票将纸质客票的电子映像存储于电子客票系统中，实现无纸化，展现了"无废"的特征。

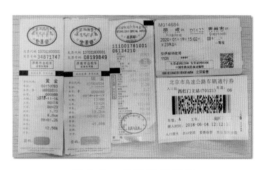

图 8-1　各类旅行票据

8.1.1　为何要使用电子客票

传统纸质客票拿在手中是一份实实在在的票证，而变为电子客票后看不见摸不着，真的好用吗？为什么要推行电子客票？

首先，最为直观的就是纸质票据的消失。随着交通客流量的不断加大，看似一张小小的客票纸，累积起来却是一个惊人的数字。据统计，2019年春运期间仅铁路出行就达到约4亿人次，如果按照每张票0.005千克计算，用纸约2050吨。如果按照一吨纸张需要消耗7棵大树和100立方米的水，那么这些小小的车票累计在一起要消耗14350棵大树，20.5万吨的水。如果全部使用电子客票，可以有效保护约13公顷的林地。纸质车票变为

上午8:14

市政交通一卡通

余额　¥43.30　　充值

请靠近读卡器

图 8-2　电子公交卡

电子客票，不仅是车票的数字化转变，而且具有重要的环保意义。

其次，电子客票打通了互联网与售票窗口的服务渠道，为乘客提供了自助无干扰的移动终端购票、刷身份证或"人脸识别"检票等无接触式服务。彻底改变了购票大厅彻夜排队或专门到车站取票的现象，无形中减少了乘客因购票而产生的出行需求，实现了"无废"购票。

此外，检票方式的变革，使票贩子的存在成了过去式，还有效避免了忘记或遗失纸质车票而带来的麻烦，大大提升了退票改签及乘车时进站的效率。此外，疫情期间，电子客票也直接断绝了病菌借助车票的传播途径，可谓益处多多。

8.1.2　电子客票背后的秘密

您可不要小瞧一张电子客票，它里面包含了丰富的信息。如果您手中有电子客票（如图8-3的火车电子车票信息单），不妨看一看电子客票中包含了哪些信息？

电子客票不仅包含了原有纸质车票的信息，还隐藏了丰富的数据内容，如《道路客运电子客票系统技术规范》中电子客票凭证信息就包含24项内容，见表8-1。

图 8-3　火车电子车票信息单

表 8-1　道路客运电子客票凭证信息

信息分类	信息内容	信息说明
电子客票票面信息	电子客票号	全国统一规划的电子客票编号
	姓名	乘客姓名
	证件号码	乘客购票有效证件号码
	起始站	起点站名称
	到达站	到达站名称
	班次	班次承运任务所属的信息
	乘车日期	本班次发车日期
	发车时间	本班次发车时间
	检票口	检票口编号
	发车位	承运车辆的发车车位
	车牌号	承运车辆的车牌号码
	车牌颜色	车牌的底色
	座位号	座位编号
	车票类型	乘客所购买车票的类型，用来标记全价票、半价票、优惠票、儿童票等车票类型
	票价	该电子客票的销售价格
	基准价	该车票的政府指导价
	售票方式	购买该电子客票的渠道
	车辆类型	该班次的车辆类型
	携童数	携带免票儿童的数量
条码信息	二维码	包含电子客票相关字段信息，用于检票和验票
	条形码	对应电子客票号码，用于检票和验票
保险信息	保险号	乘客所购买保险的编号
	保费	乘客所购买保险的费用
	保险公司名称	保险公司名称

　　而这些电子客票数据还要有相应的支持子系统进行存储与交换。它们构成了一个强大的电子客票系统（图8-4），支持电子客票的正常运行。

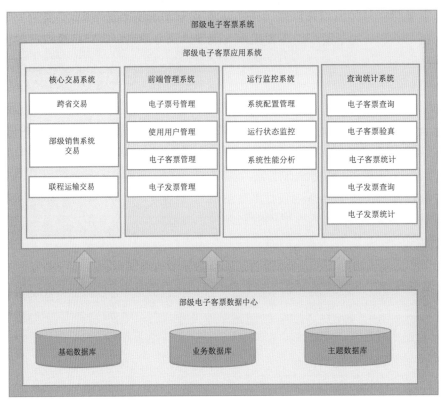

图 8-4 部级道路客运电子客票系统功能结构

例如12306铁路互联网售票系统见图8-5和图8-6,它已成为世界上规模最大的铁路互联网售票系统,单日售票超两千万张,其中互联网售票约占90%。除了电子客票功能外,平台上还提供列车状态、车站大屏、空铁联运、铁水联运、酒店服务、餐饮特

图 8-5 12306移动端 APP

图 8-6 12306 网站

产、临时身份证、遗失物品等多种服务，使乘客通过平台可以查阅或办理多种业务，方便乘客的同时也极大提升了服务品质。

以我国的火车票为例，客票从硬纸板到软纸票，再到磁介质票，直至发展到电子客票。客票系统从只有客票销售业务发展为包含客票销售、客运服务、特产销售等多项业务在内的全球最大的综合性票务系统，展现的是交通科技的不断提升与发展，同时也呈现了客票的"无废"发展之路。

8.1.3　电子客票推广中的关爱

电子客票的发展使乘车的便捷性大大提高，也深刻改变了我们原有的出行方式。但是，这种新的技术方式也对平时不使用智能手机或不会上网的人群造成了困扰，使他们面对"数字鸿沟"举步维艰。为了更好地解决这个问题，2020年国务院办公厅印发《关于切实解决老年人运用智能技术困难的实施方案》中提出："在各类日常生活场景中，必须保留老年人熟悉的传统服务方式，充分保障在运用智能技术方面遇到困难的老年人的基本需求；紧贴老年人需求特点，加强技术创新，提供更多智能化适老产品和服务，促进智能技术有效推广应用，让老年人能用、会用、敢用、想用。坚持'两条腿'走路，使智能化管理适应老年人，并不断改进传统服务方式，为老年人提供更周全、更贴心、更直接的便利化服务。"

图 8-7　自助购票机与协助老年人购票宣传

其实，不仅仅是老年人与不接触网络的人群，电子客票作为新的出行方式，乘客接受起来也需要一个过程。为此，客运部门不仅在自助购票区（图8-7）积极制作各类电子客票购买、检票等须知来提示乘客，而且提供了便民窗口与志愿者服务，协助乘客顺利购票。

8.1.4 电子客票我来用

我国第一张民航电子客票出现在2000年。随后，团体机票电子化发展起来。2002年中国民航总局开始制定中国电子客票相关标准并于次年颁布，加快了民航客票标准化和规范化的进程。2003年中国国航率先投产了电子客票系统，南方航空和东方航空也相继加入，民航电子客票推广开来。虽然我们民航电子客票起步比美国亚特兰大诞生的第一张电子机票晚了8年，但2008年起中国成为全世界电子客票普及率最高的国家。

随着民航电子客票的顺畅发展，电子发票（图8-8）服务成为航空公司"无废"提升的新方向。2017年南方航空公司推出机票电子发票服务，每年开具机票电子发票数量达百万张。

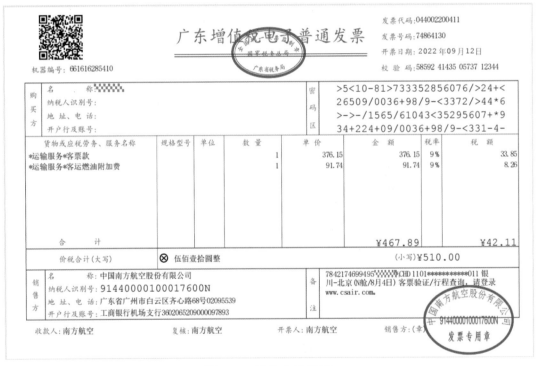

图 8-8　民航电子发票

当前，从飞机到火车，从地铁到公交，我们周边的交通工具已经悄然使用了"隐形"车票。纸质客票的"隐身"直接削减了其生产和运输环节，减少了这一过程中二氧化碳的排放，使废弃客票产生的问题随之迎刃而解。

在数字化时代背景下，我们生活中不仅仅是电子客票，电子发票、电子订单、电子执照、电子证书、电子货币也已经快速发展起来。以电子发票为例，2015年国家税务总局发布了有关开具增值税电子普通发票的公告，确认了电子发票的法律效力，使商户在经营活动中向购买者开具的凭证由传统的纸质方式向电子形式发展。购买者可以通过下载的方式，将电子发票存储在手机、U盘等设备中。景区的电子门票也成为智慧景区建设的一部分，它不仅可以显示入园的实时数据，对园区客流量进行预警与控制，还可以通过人脸识别自动开启进门闸机，减少游客入园等待时间。除了景区，很多影剧院、展览会、演唱会、游乐场等也都纷纷采用电子票据，走上了"无废"之

图 8-9　数字人民币

路。除此之外，数字人民币（图8-9）也正在悄然进入大家的口袋。各大银行已开通了数字银行业务。我们只需要开设数字人民币钱包，将传统银行卡中的人民币转到数字人民币钱包中，就可以在商家用扫码、付款码、NFC等方式进行消费。数字人民币的使用有效节约了货币生产所带来的资源消耗，打破了支付壁垒，使用范围也更加宽广，同时还具有可回溯及可追踪的特性，提升了支付安全。未来，我们旅游就无需携带纸质货币，在数字人民币的保障下，尽享旅游乐趣。

8.1.5　制作独特的"无废"旅行手账

旅行途中，我们的住宿、出行、餐饮等活动中都会进行各种各样的支付并收获发票。这些发票有哪些是电子版的？让我们将旅行中收集到的"隐形"车票及票据一起做一个"无废"旅行手账吧！

手账不像日记仅仅使用文字记载自己的旅游经历，而是可以添加更多的装饰元素，例如照片、底纹、贴图、地图等，按照自己喜欢的方式制作。

设计步骤：

①在电子手账的APP中选择自己喜欢的底图或模板，或者选择适合的电子纸张样式，或者选择底图后进行背景绘制。旅游手账中可以将旅游的线路绘制一张手绘地图。当然，它不必十分精准，能清晰表明位置关系即可，可以使手账更加活泼具有个性化。此外，也可以添加与此次旅游相关的图片、手绘图案等。

②不要忘记记录一下旅行的时间、地点、人物等信息。同时，也可以添加一些景区的背景知识及相关资料。

③旅途中都使用了哪些电子客票？哪些电子客票给旅途带来了惊喜？不妨分享一下。如果景区提供了讲解的二维码，也可以放在手账中，方便日后回忆。

④添加一些旅游的照片吧，会使美好瞬间的记忆更长久。

⑤别忘记记录一下自己的心情并装饰一下手账吧，与景区有关的装饰元素也是个不错的选择。

电子手账的制作并不需要一次完成，如果制作后仍有心得，还可以继续添加或绘制。无论手账是否简单或者精美，都是一种美好的回忆，它不需要多么专业，而是属于制作者自己的一份礼物。在制作旅行电子手账中打开记忆的大门，回顾旅行中的美好时间，一定是一件温馨而愉快的活动，快来尝试一下吧！可以参考图8-10的电子手账哦！

图 8-10　荣成旅游电子手账

经过了"无废"票证的收集，您觉得它们给我们的旅行带来了哪些便利？还有什么不足的地方呢？我们最终是否可以实现无"票"出游，走出"无废"之旅呢？

8.2 "无废座驾"行天下

当我们"行万里路"的时候，常常要选择一台座驾，载着我们奔向远方（图8-11）。您的第一台远行座驾是什么呢？是轻巧的自行车、拉风的摩托、舒适的轿车，还是其他交通工具？它们有的本身无需消耗能源，而有的需要持续的能源支持并产生废气或固体废弃物。"无废座驾"的概念由此而生。

图 8-11 驾车出行

8.2.1 探寻"无废座驾"的一生

一台崭新的座驾，在诞生的过程中往往要经过繁杂的工序。生产过程中，"无废座驾"需要使用各种各样的材料，其中整体涂装材料很有讲究。从它的发展历程（表8-2）中不难看出它正朝着"无废"方向不断前进。

表 8-2 汽车涂料发展概况

阶段（年限）	阶段名称	特点
第一阶段（1930 年前）	原始阶段	作坊式作业批量生产
第二阶段（1930—1946 年）	喷涂阶段	流水生产、快干
第三阶段（1947—1976 年）	阳极电泳涂装、合成树脂涂料阶段	车身无盲点涂装，提高耐蚀性
第四阶段（1977—1990 年）	阴极电泳涂装、优质合成树脂涂料阶段	进一步提高车身耐蚀性、装饰性及耐酸雨、抗划伤性，确保车身寿命 10 年以上
第五阶段（1991—2000 年）	水性化阶段	减少挥发性有机化合物的大气污染
第六阶段（21 世纪以来）	清洁生产、节能减排涂装时代	减少挥发性有机化合物、二氧化碳排放，节能，可持续发展

装饰品如座椅、方向盘、变速杆等，如果可以不使用皮革，而使用除粮食以外的秸秆等木质纤维素类产品或可回收材料代替，就可以间接减少牲畜养殖所带来的草原破坏等问题，为它的"无废"属性添砖加瓦。

在生产过程中，多数工序还要使用到能源。百分之百可再生能源生产出来的"无废座驾"，显然血统更加纯正。以汽车为例，欧盟发布法规Regulation（EC）No 443/2009将汽车二氧化碳排放量作为综合评定汽车制造企业的重要指标。美国发布了轻型车温室气体（GHG）排放标准对温室气体排放进行管控。我国建立了以燃料消耗和污染物排放为监管对象的标准体系，都为减碳降废提供了政策支持。

动力系统就如同座驾的心脏，它对能源的选择各不相同，有的使用汽油、柴油等污染物排放较高的能源，有的使用天然气、生物燃料等环保节能的新能源，有的采用电动、油电混合式能源。能源的消耗伴随着座驾的一生，累积起来也是不小的数字，也使其"无废"身份更易判别。

知识链接

新能源车辆为机场绿色发展作出了重要贡献。机场需要使用各类特种车辆和通用车辆，如客车、传送带车、行李运输车、垃圾运输车、牵引车等，大型机场使用各种车辆达千余辆。为提升机场"无废"发展的步伐，各机场都在陆续进场新能源车辆。截至2020年底，全国机场新能源车辆使用占比接近1/5，如北京大兴国际机场新能源车辆使用占比超过了4/5。

虽然我们的座驾可以伴随我们多年，但是终有老去的一天。当它们"年事已高"，又去往何处了呢？通常情况下，电子电器、电池、轮胎等零部件，将被进行拆解而重获新生。

报废的座驾经过整体拆解后被分解为各种零部件，有些材料需要进行进一步的分拣变为更小的碎屑，再经过分选提纯出各种可用材料。仅汽车中使用的各种材料就有成百上千种，常见的拆解材料中钢铁约占3/4，还有塑料、有色金属、橡胶、玻璃、油液等其他材料。

知识链接

2002年日本《报废汽车再生利用法》开始实施，该法规定汽车制造商需回收和再生资源化粉碎机处理后的残渣；汽车销售商、汽车修理企业需回收、交付废旧汽车；汽车所有者需交付最终处置费并在使用后将报废汽车交给回收企业。

欧洲轮胎循环利用最主要的方式为制作橡胶颗粒，使用量约占物质再生总量的72%；土木工程使用量占比7%；在燃烧供能方面，燃烧供能使用的废旧轮胎占总处理量的38%，其中有81%用在了水泥厂中，余下19%用于城市供热和电厂发电。

目前，汽车行业中很多企业已开始致力于解决汽车供应链中的"无废"方案，通过加强原材料的回收与再利用等方案，减少固体废弃物与废气产生，降低碳排放。以电池为例，当电动汽车的动力电池无法满足汽车电能供应要求时，除了化学活性下降了，成分并没有发生改变，完全可以用于电量需求较小的设备。对于不具有使用价值的电池才进入拆解回收流程，实现充分利用。在汽车全行业的积极努力下，截止到2019年中国乘用车全生命周期的碳排放量在2015年的基础上下降了约9%。

典型案例

丰田公司2015年发布"丰田环境挑战2050"战略中，提供了三大领域6项挑战，涉及新能源汽车、绿色工厂、废旧零件回收利用和企业环境公益活动等多方面，在产品领域提出"打造更好的汽车""使汽车产生的负面影响无限接近于零"的目标，6次制定了"丰田环境治理计划"，推进绿色制造的发展战略、实施规划、推进方案和技术革新。

典型案例

重庆打造汽车产业"一核七环"循环链体系

重庆充分发挥汽车行业集群优势，打造汽车产业"一核七环"循环链体系（图8-12）。通过引导企业轻量化设计，实现包装废物重复循环利用一体化，采用水性漆代替油性漆清洁生产工艺，推进汽车铸造型砂综合利用、混合有机溶剂再生利用等关键补链项目建设，提升汽车产业绿色生产水平，促进工业固体废弃物源头减量化；加强汽车拆解行业规划管理，开展报废汽车拆解行业环境管理规范研究，推进报废汽车拆解企业入园；结合新能源汽车发展趋势，探索构建电池回收和资源化体系，推进锂电池生产企业生产者责任延伸制度，目前已初步构建汽车行业"零部件制造 — 整车（整机）生产 — 销售 — 回收 — 拆解 — 再生资源利用"循环产业链。

图8-12 "一核七环"循环链体系示意

8.2.2 如何选择"无废座驾"

工欲善其事，必先利其器。一台座驾在旅行中带我们驶向远方，在平日生活中带我们便捷出行。为此，座驾消费带来了巨大的市场，截止到2020年底我国仅汽车保有量已达2.81亿辆。那么，如何选择适合自己的"无废座驾"呢？

首先，可以选择国家生态环境部授权颁发的具有环境标志的产品，也就是我们常说的"十环认证"座驾。"十环"的青山绿水标志表明这辆座驾更加节约资源、低毒少害且绿色环保。

其次，需要关注座驾动力系统的能源消耗状况。显然，新能源更加符合"无废"潮流。具有指示性的能源消耗标识（图8-13、图8-14）也通过数值清晰地展示了座驾的能耗状况。例如，汽车的燃料消耗标识就明确展示出轻型汽车在城市、郊区与综合工况下的燃油消耗量。

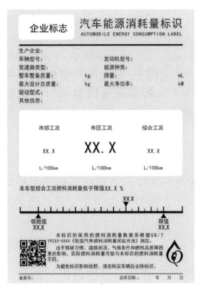

图 8-13　柴油汽油汽车能耗标识　　图 8-14　纯电动汽车能耗标识

此外，还可以关注有关机构的评测标准与评测结果。例如，中国生态汽车评价（C-ECAP）综合了车内空气质量、车内噪声、有害物质、综合油耗、尾气排放、汽车生命周期评价报告、企业温室气体排放报告、可再利用率和可回收利用率核算报告等多方面考量。

8.2.3　在出行中探访当地文化

旅行中除了座驾，我们还常常面临各种交通工具的选择。舒适便捷往往成为首选标准。而环保达人则把"无废"原则考虑在先，优先关注载量大、无污染的绿色交通工具。由于出行需求的个性化，交通工具的选择并没有固定的方案，需要由出行者进行综合的判断。但是各种交通工具的"无废"属性存在着较大的差异。私人汽车等交通工具由于承载的人数少，人均乘车排污率和公共交通工具相比还是高出不少，但舒适性与个性化方面略胜一筹。公共交通工具容量大，人均乘车排污率低，如何满足乘客多样化的出行需求成为推动其发展的关键。为此，各地公共交通系统开展积极探索，例如山东菏泽有针对性地设立定制公交，公交往哪开充分听取市民建议并根据建议陆续开通了通勤、校园等线路。

典型案例

瑞典斯德哥尔摩 T-Centralen 站的设计

瑞典斯德哥尔摩 T-Centralen 站与火车中央车站相连（图 8-15），是斯德哥尔摩地铁最主要的交会车站。在粗犷的地铁站空间中，单纯利用蓝、白两色，就能靠创意将车站洞穴打造得如梦似幻。无论是刷白底配上蓝色花纹，还是铺蓝底上画白色装饰，都让人有一种身陷青花瓷中的错觉。蓝白色的纹路总吸引人四处张望，因为洞穴中总有一处角落，在不经意间藏着别出心裁的艺术惊喜。如果说，这座地铁站是代表斯德哥尔摩的重要门户之一，那么瑞典人想要展现的，不是贵气与华丽，也没有过多的政治意义；相反，他们只是单纯地让人们因为艺术创作而感到开心，这种做法显得格外纯粹。

图 8-15　瑞典斯德哥尔摩 T-Centralen 站的艺术设计

此外，公共交通工具（如高铁、地铁等）在设计与使用中更关注本地特色，因此本地文化内涵更为丰富，也成为旅游者探访的热点。例如瑞典斯德哥尔摩地铁拥有着"世界上最大的地下艺术展示厅"，一百多个站内展示了不同艺术家的作品，犹如一座"艺术博物馆"。

公共交通工具不仅是游客出行的工具，更是当地居民日常出行的方式。在乘坐中，您可以听到各种当地的方言，感受当地居民的日常着装风格，说不定还可以发现一些当地特色的美食与物产。这些都会给您的旅行带来更加多姿多彩的回忆。

以地铁为例，地铁的各个站点在设计中往往融入了周边地区的文化底蕴与历史印记，充分发挥着站点与公众交流的纽带作用，唤起乘客对这个地区的喜爱和深刻记忆。例如，北京南锣鼓巷站的《城市记忆》墙使用白描写实风格展现京城胡同生活的风韵；潘家园地铁站以"文化绽放"为定位，"乐淘北京"为题材的壁画展现了古玩买卖的场景；珠市口地铁站《盛世繁华》用抽象的线条分割画面，展现了老北京的繁华景象；天桥站既有《天子祭天》盛况与天坛文化相呼应，又有《天桥买卖》与《天桥百戏》展现京城百姓的热闹生活场景；杨庄站的"燕京八景"图可以使乘客欣赏到京城美景；朝阳门《凤舞朝阳》展现出迎光明的精神与活力等（图8-16）。地铁站的壁画通过传统文化、科学知识、艺术名作等方式，将城市的风貌淋漓尽致地展现出来。

（a）地铁朝阳门站《凤舞朝阳》壁画

（b）地铁广安门站内景

图 8-16　北京地铁站内景

旅行中，不妨探访一下公共交通，感受一下当地的人文气息，了解一下站台设计理念，也许您会对这座城市有新的认知与感受（图8-17）。

公共文化探访记录		
探访日期：	2022 年 4 月 16 日	天气：晴
探访地点：	地铁 4 号线宣武门站	城市：北京
访地特色：	《宣南文化》墙展现了代表皇家祭祀文化的先农坛、代表会馆文化的湖广会馆以及琉璃厂、大栅栏、天桥等民俗文化。宣南文化展现了宣武地区经过一段历史时期形成的独具特色的小地域文化。《四库全书》文化墙与不远处的纪晓岚故居相呼应。	
我的感受：	每次匆匆走过，更多地关注换乘的方向或匆忙的脚步，没有驻足欣赏站点的风景。看到了这面《宣南文化》墙勾起了很多儿时的记忆，仿佛又听到了厂甸庙会中嘈杂的叫卖声，看到了琉璃厂繁华的景象，闻到了牛街垂涎三尺的美食香味。不禁感慨，随着岁月的变迁，宣武门本身已经发生了翻天覆地的变化。	

图 8-17　公共文化探访记录

8.3 "无废机场"秘密多

1903年莱特兄弟成功试飞了世界上第一架飞机，为远距离出行带来了便利。随着航线的不断增多，机场数量也持续攀升。我国民用机场（图8-18）从1978年发展到2020年增长了三倍之多。在旅客吞吐量增长的情况下，机场规模也相应扩大。正常情况下，机场人来人往，全年无休，资源与能源消耗量可想而知。资源与能源需求的增大，使机场在建设发展中开始探索资源节约、环境友好的"无废"之路。

图 8-18　民用机场一角

8.3.1 机场建筑学问多

机场的建筑体量都较大，智能建筑与节能是"无废"身份的重要识别特征。全球各地机场建筑各具特色，通常包含电、热、水、风等多种供能系统，建筑节能的普遍做法包括减少建筑围护结构与外界的热交换、航站楼的自然采光、可再生能源使用、屋顶与屋内绿化、使用可循环再生材料等。

由于机场建筑群较为庞大，有效利用建筑材料与尽可能使用可循环再生材料是"无废机场"实现的重要途径。例如，美国洛杉矶机场五分之四的底板材料使用了可回收材料。世界各地的机场使用再生玻璃、再生塑料、再生木材等修建机场的各种围栏与装饰，建筑材料使用混凝土砖，利用回收材料提升空间艺术感，开启了"无废"变身的过程。

根据当地气候与自然条件创新建筑技术，也能使机场更加节能。例如，加拿大温尼伯机场航站楼幕墙采用遮光棚等材料反射日光减少散热。南京禄口机场T2航站楼采用电动遮阳帘与气动窗对室内温度进行调节和控制，有效降低空调设备能耗。上海虹桥国际机场采用采光、保暖等多项措施，实现航站楼节能。上海浦东机场通过自然采光与通风降低能耗。北京大兴国际机场通过建筑结构的节能优化设计等多项措施的综合使用，相比同规模机场航站楼减少了五分之一的能源消耗（图8-19）。

图 8-19　大兴国际机场内景

大兴机场的照明

照明见光不见灯，是大兴机场一大特点。抬头看，除了有天窗倾泻自然光，边边角角、屋顶缝隙还"藏"着9万多盏灯。

9万多盏灯能耗非常低。78万平方米的航站楼，被划成310个区域，能根据客流、室外光线等综合因素智能控光。比如，当国际到达区旅客较少，就可切换为灯光间隔点亮，节省一半能耗。

绿色机场的舒适度也很重要。大兴机场实现了主要区域恒定照度模式。当天气阴沉，灯光自动增亮，阳光晴好时，灯光减暗，休息区能依据生物钟逐步调节明暗，能耗更低，体验也更佳。经过科学管理，其公共照明能耗比重低于8%。

8.3.2 机场循环利用多

机场每天有大量飞机起降，以客机为例，降落后都会进行客舱清洁。旅客吞吐量大的机场，每日垃圾的数量也是巨大的。除了客舱垃圾，航站楼也会有各种垃圾产生，因此垃圾分类投放、收集、转运、储运等环节需要密切配合，才能呈现机场清洁优质的环境。垃圾分类，作为机场垃圾处理的前端环节，是垃圾处理实现资源化与无害化的前提。日本成田机场通过废弃物分类处理实现循环利用，循环率达20%，每年回收150吨废弃物。

典型案例

日本成田机场在资源回收方面的举措

(1)实施废弃物"3R"政策

"3R"政策是指减少（reduce）、再使用（reuse）、回收再利用（recycle）。

①机场一般废弃物：对一般废弃物进行分类：在货运区，按照瓶子、箱子、塑料瓶等分类推行；在旅客区，分类从4类增加到6类（瓶子、箱子、塑料瓶、报纸、杂志以及可燃物）；在办公区，分类从6类扩展到8类（瓶子、箱子、塑料瓶、报纸、杂志、卡片、可燃物以及不可燃物）。

②减量——减少建筑废弃物：通过积极的研究，已经研制了"有黏结的混凝土盖被方法"。该方法刮走表面，剩下一薄层混凝土还可用。与以前的工艺方法相比，废弃物减少了97%，这也减少了新混凝土的使用量。

③再使用——重新使用废弃物：在1号候机楼的整修工作中，重新利用楼内的材料而不是扔掉它们。如重新整修和再利用离港大厅天花板上的天窗等。

④回收——把废弃物变为资源：将破损的停机坪和滑行道带来的废弃混凝土和沥青回收到工厂并压碎，作为铺路的基础材料。

(2)利用垃圾积肥

饭店的垃圾和雇员用餐所产生的垃圾被用来积肥。此外，机场还将每年所割下的4600多吨草供当地农民积肥。

此外，机场内涝问题是影响安全运营的重要问题。因此，通过密布的管网有序将水流疏导循环起来，做到水资源的循环利用对机场来说非常重要。以北京大兴国际机场为例，作为一座"海绵机场"，它可以蓄积约1.5个昆明湖的水量，它并能实现大雨不发生内涝，水体不变黑发臭，还能起到缓解热岛效应的作用。每年节约水量相当于京城居民3天用量。污水有效处理与利用后可用于机场绿化浇灌等方面，促进水真正循环起来，减少水资源的使用与污水排放。

随着城市的发展，机场在使用中也遵循生命周期规律，终有无法工作之日。当旧机场无法适应新航空业发展的需求或因为城市发展、经营等情况停止航空使命，它们还会重生么？当然了，它们有的变身成为餐饮娱乐场所，如美国丹佛斯坦普顿国际机场(图8-20)；有的成为怀旧主题酒店，如美国纽约肯尼迪国际机场；有的成为公共艺术公园或博物馆，例如上海龙华机场、香港启德机场、德国柏林滕珀尔霍夫机场等。它们以新的方式，焕发着新的活力。

图8-20　变身后的美国丹佛斯坦普顿国际机场

典型案例

香港启德空中花园

启德空中花园位于承丰道上，是一条沿旧机场跑道中轴线兴建的空中园景平台(图8-21)，全长约1.4千米，面积约2公顷。作为香港昔日的机场，启德在航空史上占有令人难忘的地位，故空中花园在整体设计上注入不少航空元素，以缅怀启德机场的光辉岁月。空中花园东北两旁的隔声屏障，是全港首个采用波浪式设计建造的隔声屏障，营造出如水流的视觉效果，象征旧机场跑道三面环水的环境。空中花园的中央行人路划分为春、夏、秋、冬四个主题区，种植超过80种花草树木，在不同季节绽放不同的花朵，四时转换，丰富市民的观赏体验。

空中花园内亦加入不少环保元素，例如风力发电机及太阳能板，为园内的照明设施提供电力；地面亦设有多座天窗，让自然光可以透射到花园下的行车道上。空中花园运用创新及独特的空间模式，加上航空主题的设计概念，除了为市民提供优质的公共空间，也成为联系历史的地区标志，充分体现了启德作为维港畔一个富有特色、朝气蓬勃、优美动人及与民共享的新发展区的愿景。

图 8-21　变身后的香港启德空中花园

8.3.3　"无废机场"方便吗？

"无废机场"处处节约，是否舒适呢？机场在发展中，首先会关注到旅客的舒适性与便捷性，"无废"并不会降低旅客的体验感受。新加坡樟宜机场作为亚洲重要的航空枢纽，宛若一座园林（图8-22），2013—2020年连续七年被评为全球最佳机场。机场里包括了蝴蝶园、兰花园、梦幻花园、仙人掌花园、向日葵花园、花卉奇园、水晶花园与入境花园，种植了多种多样的植物，让人仿佛置身雨林之中，因此也成为游客争相打卡之地。而这些植物的作用可不仅仅是美化环境，在调节温度、净化空气、促进空气流动与水循环等方面发挥了重要作用，并实现了能源的节约。

图 8-22　新加坡樟宜机场

智能化也是"无废机场"的重要支撑。自助值机与托运设备以及人脸识别等技术帮助乘客实现从值机、安检到登机全程无纸化通行，同时提高旅客通行效率。

典型案例

浦东机场"无纸化"便捷出行服务

"无纸化"便捷出行服务上线，使得在浦东机场乘坐国泰航空公司航班的旅客，不再需要到值机柜台或自助值机设备办理纸质登机牌，仅凭手机上电子登机牌"二维码"的扫描，即可完成边检通关、安全检查、候机长廊登机等全流程乘机手续。"全程扫码，无纸通关"的出港流程，让往来浦东机场的旅客有了更高效、更便捷、更愉悦的航空出行体验。

近年来，浦东机场秉持"安全、便捷、人性化"的服务理念，以建设"国内最好、世界一流"的机场为发展目标，面向全球，对标国际最高标准、最好水平，深耕细作，不断加大科技创新投入，通过科技和信息化手段，持续提升旅客便捷体验，打造智慧机场。浦东机场大力推广全流程自助项目，设置值机、行李托运自助设备，增加边防、检验检疫自助通关通道，提升流程效率，让更多旅客感受便捷、精致、无感的出行体验。目前，航站楼内设有186台自助值机和自助行李托运终端设备，105条边检出入境自助通道。

各种新技术的加入，增加了"无废机场"的科技感。例如，工作人员通过佩戴AR眼镜可以及时发现未登机的旅客，迅速查找未登机旅客行李，帮助旅客查找机舱内座位等，满足旅客各种个性化的需求，提升出行质量。

双碳目标下，如何建设乘客满意的"无废机场"，成为其高质量发展的新挑战。其实，不仅仅是机场，各种汽车、铁路、船舶停靠站点也都在开展"无废"建设的工作。用您的火眼金睛去探寻一下它们都藏有哪些"无废"秘密吧！

8.4 共享交通工具新体验

曾几何时，我们身边的道路上出现了蓝色、绿色、黄色等各式各样的共享单车（图8-23），使我们可以随时出发，迎着风，来一次说走就走的骑行。仔细观察，还会发现这些共享单车中，还有共享电动车、滑板车等。后来，路上的共享汽车也随处可见了。得益于庞大的移动互联网用户群体、政策环境相对宽容等方面原因，我国共享单车、网约车、共享

图 8-23　路边的共享单车

汽车、共享停车等"互联网+"交通新模式处于世界领先地位。共享交通的发展，会使我们的生活发生哪些变化呢？

8.4.1　共享单车的前世今生

1965年荷兰阿姆斯特丹推行了一种白色公共自行车，使用无需押金与租金，开启了共享单车的发展之路。为了更加安全与持续，第二代共享单车设置了固定停车点并收取押金。第三代共享单车在互联网与无线通信的协助下，完成了数字化变身。2007年，共享单车公司开始进行商业化经营。我国共享单车最早由政府主导引入，多为有固定停靠桩或站点（图8-24）。后续共享单车企业开始出现，还是以有桩共享单车方式运营。随着便携无桩共享单车（图8-25）的诞生，共享单车行业呈现了百家争鸣的态势。

图 8-24　共享单车固定停车点　　　图 8-25　互联网与无线通信
的协助下的新型共享单车

当我们需要骑行时，既可以使用手机APP或者小程序寻找车辆，也可以直接扫描路边停靠车辆车身上的二维码，通过智能扫码便可以解锁骑行。骑行结束后直接关闭车辆的锁，APP或者小程序就会根据我们的骑行时间计算出服务费用。而这一套行云流水的操作，需要强大的后台系统支持，包括云计算基础平台、单车数据与用户数据库、平台服务等以及共享单车上的手动机械锁或蓝牙锁等设备的支持。以一个小小的蓝牙锁为例，里面就包含了移动通信芯片、蓝牙与GPS通信、传感器与执行器、蜂鸣器、电池等多个模块。为了增加骑行用户的良好体验感，共享单车企业不断迭代管理技术与手段，努力解决零件故障、位置偏离、连接不稳定、用户潮汐效应车辆调度不及时、乱停乱放等问题。

很多地方规定具有绿色光环的共享单车报废年限为三年，褪去光环后还能否保持它的荣耀？如果报废的共享单车被随意丢弃，它将以固体废弃物的形式流落街头。尤其在共享单车市场激烈竞争下，一些被洗牌淘汰出局企业的共享单车缺乏管理，不仅带来了环境污染隐患，而且还造成了资源的巨大浪费。而这其中，一些负责任的企业积极探索绿色可持续的发展模式，加强共享单车生命周期管理，提升"无废"水平。例如，哈啰单车将废旧车轮制作成流浪猫窝（图8-26），延续其绿色生命。

图 8-26　共享单车废旧车轮变猫窝

8.4.2　共享交通工具好处多

共享交通方式改变了传统交通工具占有的方式，使交通资源合理流动，给我们的旅行增加了诸多便利。当我们旅行至异地，共享交通使我们的交通工具有了更多的选择却不必花费太多，我们还可以通过拼车等方式压缩旅游成本。无论是共享汽车（图8-27）还是共享单车都可以使我们马上出发。更重要的是共享交通工具方便地实现了异地存取，也减少了旅行中的重复路程。例如，DriveNow公司在德国慕尼黑推出的汽车共享服务中，用户可通过APP搜索附近汽车，使用后只需将汽车开到目的地附近而不用归还到接车点。Car2Go公司的共享汽车在欧洲和北美实现了用户智能开锁，还车只需停放在运营区域内任意公共停车场。我国神州租车实现了全国超过2800个自助取还点，取还车全程无接触、安全、快捷。虽然目前共享交通领域以自行车和汽车为主，但未来共享飞机与船只等更多元化的发展也指日可待。

图 8-27　共享汽车

共享交通这种新型的交通消费方式，在减少交通碳排放的作用上也是毋庸置疑的。"尾气零排放"的共享单车成为低碳降废高效交通体系的新亮点。据《哈啰出行2020年可持续发展报告》统计，其共享单车在2020年全国用户累计骑行240亿千米，共计减少碳排放约66.7万吨。生态环境部环境发展中心与中环联合认证中心发布的《共享骑行减污降碳报告》显示，美团共享单车用户累计减少二氧化碳排放量118.7万吨，累计减污量7777.4吨（包括一氧化碳、碳氢化合物、氮氧化合物、细颗粒物等）。此外，共享汽车虽然没有共享单车减碳成效显著，但也具有减碳作用。例如，某品牌新能源汽车分时租赁项目一年可减少碳排放近四百吨。通过降低拥堵而减少交通所带来的空气污染，共享交通推动了绿色出行与低碳生活方式的实施。

典型案例

贵州绿色出行网约车平台

贵州本土网约车平台"鲲鹏出行"融合新能源汽车全生态产业，立足贵阳贵安，覆盖全省，面向全国，打造绿色出行网约车平台。"鲲鹏出行"将专车、快车、直通车、特色班车四大定位融为一体。为实现绿色出行新常态，"鲲鹏出行"提供车辆将逐步推广使用新能源汽车，覆盖普通快车、专车、商务车、豪华车、小巴等不同品类，同时满足日常出行用车、商务用车、接待用车、差旅用车等不同场景，并已经着手推广新能源换电项目，全面适配新能源汽车的普及，为贵州新能源汽车出行的便利化提供基础保障，推动"新能源智慧出行"市场的健康蓬勃发展。同时，"鲲鹏出行"还会针对贵州，尤其是贵阳贵安区域特点和出行需求半径，提供系统性、专业化的绿色出行方案。

治理"城市病"，共享交通也是有效的方式。在城市中，公交、地铁等公共交通系统已构建起城市交通的主要脉络，共享交通解决了"最后一公里"等问题，完善了城市交通的顺畅运行，缓解了城市交通堵塞。

8.4.3　共享之下健康畅游

共享交通除了"无废"的优质表现，还传递了绿色生活的健康理念，助力绿色出行习惯的养成。例如，共享单车就兼具体育锻炼的功能。骑行作为一种有氧运动方式，可以增加身体能量的消耗，减少压力，还可以欣赏道路两边的景色。据统计，我国有超过六千万骑行爱好者以及三千家以上的自行车俱乐部。通过骑行将景点连接起来，形成一条个性化的旅游线路，增加了旅行的新鲜感。2007年一部《练习曲》的电影，讲述了一位听力障碍的年轻人，在大学毕业之际骑上自行车，单车环岛骑行七天六夜的故事。在当时引发了很多台湾民众的效仿，纷纷踏上环台湾岛骑行的旅途。在北京，胡同是北京历史文化的重要舞台，也是城市交通的毛细血管。骑上单车看看北京著名的什刹海胡同，感受文化气息浓厚的琉璃厂和酒吧与时尚小店聚集的南锣鼓巷，感受北京不同的风韵，又或者骑行于三山五园的绿道领略皇家园林的沧桑变化，抑或通州大运河边追寻大运河文化中的历史与风土人情，都是不错的选择。

您是否准备进行一次骑行的尝试呢？在骑行之前，您首先需要选择骑行的工具。如果体力充沛，可以选择无助力自行车；如果需要骑行较长距离，可以选择有助力自行车。

其次，您需要按照目的地，选择骑行线路。既可以使用地图软件设定骑行路线，也可以使用已有的骑行地图。

此外，您还可以将骑行中的美景记录下来，制作成骑行路书（图8-28），分享给他人。

图 8-28　骑行路书

骑行小贴士：

①骑行需要在自行车道中行驶；

②建议佩戴安全头盔；

③骑行请量力而行，循序渐进地增加里程；

④避免在日照强烈时段或恶劣天气出行。

不仅仅是国内，国外很多国家也推出了各式各样的骑行旅游活动。例如，沿着瑞士12000多千米标识清晰的自行车小径就可以发现瑞士多姿多彩的美景和文化；泰国2019年推出了"骑行泰国"旅游项目，感受泰国的历史古迹、自然风光、传统民俗等泰国文化。

你的下一站旅行是哪里呢？尝试一下在新的旅途中，使用不同的共享交通工具，感受旅游地的不同风景与文化吧！

8.5 酒店的"无废"改变

各式风格的酒店是旅游中的一道别致的风景。旅行中一家舒适的酒店，可以缓解旅客一天的疲惫，带来家的温馨。为了给旅客提供便利，以往酒店会提供牙刷、梳子、肥皂、一次性拖鞋等物品，为保障清洁定期换洗毛巾、床单、被罩等。当"无废"理念传入酒店行业，很多传统的做法发生了变化，见图8-29。

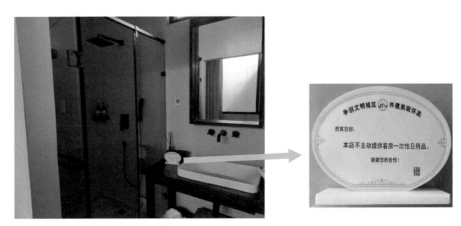

图 8-29　酒店不主动提供客房一次性用品

8.5.1　一次性用品哪去了？

旅客入住酒店后，如果发现一把有特色的小梳子总会欣喜不已。有些旅客还会收集酒店赠送的各式各样小物品，当作旅行的回忆。甚至，酒店中的牙刷、梳子等还一度成为旅客评价酒店的一条额外的标准。但是，更多的一次性用品并未受到旅客的关注。据统计，我国酒店一年丢弃的香皂超过40万吨。据广州市文化广电旅游局测算，全市160多家星级酒店一天需要用到127万件一次性用品，一年下来要消耗超4亿件。没想到这些小物品积少成多，造成了巨大的浪费。此外，这些酒店产生的一次性用品废弃物，即使具有回收的可能性，也没能够进入到再利用或循环的废弃物处理体系，而是直接混入到生活垃圾中。

2011年《旅游饭店星级的划分与评定》就取消了配备牙刷等一次性用品的评定要求。自2020年5月1日起北京市发布了《北京市宾馆不得主动提供的一次性用品目录》，其中包括牙刷、梳子、浴擦、剃须刀、指甲锉和鞋擦。旅客如果忘记携带会不会造成不便呢？其实，对于旅客需要的用品，酒店可以按照成本有偿提供。而有些旅客是否会觉得，这些以前提供的物品不再提供，自己是不是吃亏了呢？仔细想想，羊毛出在羊身上，这些一次性用品的成本必然附加在了房价之内，减少相关物品的提供，房价还会有所降低。更重要的是，这一行动是酒店行业对于旅客绿色消费行为的倡导，在保护环境，杜绝浪费上的意义更加重要。每位旅客出行时，携带平日常用的牙刷、梳子等物品，不仅用起来得心应手，养成了绿色住宿的行为习惯，而且还避免了这些一次性用品丢弃引发的垃圾问题。

酒店减塑行动

2019 年，某国际酒店集团已贯彻落实停止使用塑料吸管、搅拌棒及棉签，并将致力于在未来几年内停止使用一次性塑料包装的洗浴用品和塑料杯，并在客房、会议、餐厅和休闲活动区停止使用一次性塑料制品。

全新的洗浴用品方案使用可降解材料制成的密封内瓶，外部配以别致现代设计风格的陶瓷大瓶，以取代一次性塑料小瓶。其密封内瓶使用聚乳酸（PLA）材料，由包括玉米和木薯等在内的可再生植物原料制作而成，其材质可生物降解，对环境的影响十分微小，绿色环保。洗发水、护发素、沐浴露和身体乳的容器均为 290 毫升，采用聚乳酸（PLA）密封内瓶，以确保良好的卫生性及实用性。经过为期一年的专业试验和测试，这款具有生态创新与环保特点的容器应运而生。据估计，仅大中华区奢华和高端品牌酒店平均每年可节省超过 1600 万个洗浴用品塑料小瓶。

8.5.2 探秘"无废酒店"

"无废酒店"建筑中充分运用了节能环保的理念，通常采用降低能源与资源损耗、减少环境污染、提升绿色服务品质等措施。在降低能源与资源损耗方面，使用节能灯泡或通过分散控制与集中智能化管理，实现客房光源的优质管理与服务。通过亮度传感器，根据自然光的强弱调节室内的照度，而客房走廊通过红外传感器等设备，通过判别环境中是否有人活动来自动调节灯光的亮度，最大限度地减少照明能源的消耗，是很多酒店照明系统的设计模式。酒店在设计中也根据地理位置并结合本地气候及资源，减少高耗能结构设计。餐饮服务中，如何控制浪费也是"无废酒店"经营中的一项挑战。有些酒店会明确菜肴的种类与数量，在旅客点餐时与旅客针对菜品进行充分的沟通，避免过度点餐造成的食物浪费。此外，推出一些当地特色菜品，既符合可持续消费理念，又使旅客从餐饮中体验了当地的饮食风俗。另外，严格执行不主动提供一次性餐具，包括筷子、勺子、刀（刀具）、叉子等规定，助力垃圾源头减量。客房服务中，坚持一客一扫，在旅客同意的情况下，倡导环保理念，减少不必要的床上用品及毛巾、浴巾等的更换。此外，感应水龙头、节水坐便器、房卡控制电源等都是为了降低能源与资源损耗。

在减少环境污染方面，最大限度地使用再生资源、酒店垃圾分类处理、使用可降解或循环包装材料、餐饮垃圾堆肥制作有机肥料。随着旅客对于酒店装饰材料健康环保达标情况关注度的提升，酒店越来越重视减少环境污染。

在提升绿色服务品质中，酒店是否有露天花园、水池等自然元素的渗透，是否为绿色认证酒店，都成为旅客新的需求。这也促使企业在加强环保社会责任上表现出了更多的行动与担当。如今，越来越多的酒店都秉持可持续发展的理念，关注生态保护，在经营和管理过程中向"无废"模式转型。例如，泰国的通赛湾酒店帮助当地居民建立起一座"低碳理念学校"，并与苏梅岛的其他酒店一起合作，保护岛屿自然风光，促进岛屿生态的可持续发展。菲律宾艾尔尼多度假村开展回收荧光灯泡、海岸清理等项目，减少环境污染。

8.5.3 "无废酒店"新发展

酒店在管理方面，也探索建立"无废酒店"的组织架构，在国家政策法规指导下进行规范化的执行，减少酒店内各种废弃物的产生，降低各类资源的消耗、回收可再生垃圾等。部分酒店还参照中国绿色饭店评分标准，从绿色设计、节能管理、环境保护、绿色餐饮、绿色宣传等多个方面进行绿色行动目标与量化指标的确立。定期举行"无废"知识培训与宣传，使职工更加深入理解酒店绿色发展的目标与行动，通过员工将这一理念传递给入住酒店的旅客，从而形成共同转变的良好氛围。

> **典型案例**
>
> **三亚"无废酒店"实践**
>
> 三亚海棠湾阳光壹酒店的酒店管理层组建了关于倡导"无废城市"行动的组织委员会，将人与自然和谐发展的方式融入酒店设计与发展理念，提倡绿色可持续的生活方式。酒店处处彰显"无废"的环保理念，如不主动提供酒店"六小件"、采用可回收材料进行酒店装饰、建立节能减排系统、提倡减少纸张以及塑料用品的使用等。让宾客享受身心放松的同时，感受"无废"以及人与自然和谐共生的魅力。
>
> 酒店在建造及装饰中，尽可能使用回收材料，令废弃物再次焕发了生机。酒店大堂中设有免费农果站，里面虽然是一些"长得丑"的果蔬，但是它们的味道和质量是优质的，酒店将它们从农户手里买回来并分享给住店客人，未被食用的"丑果"还会被用来制作果酱、鸡尾酒的装饰及菜品摆盘，以免被随意丢弃，造成浪费。

8.5.4 如何舒适入住"无废"

旅途中，酒店是旅游过程中缓解疲劳，放松身心的重要休息站。无废理念下的酒店，需要旅客改变传统的旅游方式，充分准备使旅途更加舒适。

首先，建议准备一个洗漱包，带上旅行专用的牙刷、牙膏、日常使用的护肤品与洗发用品、梳子、便携指甲刀、毛巾、肥皂等。各式各样的分装瓶可以使我们的行装更加的轻便。

其次，建议准备一双可折叠存放的拖鞋。虽然，"无废酒店"中也会提供可重复使用的拖鞋，但为尽快缓解脚步的不适，自带一双合脚且舒适的拖鞋有助于体能的迅速恢复，这是不可缺少的。另外，便携的折叠泡脚桶，也是脚步放松的神器。

此外，可以选择自带便携床单与被罩等用品，使旅途中更有家的味道。

如果我们在酒店中用餐，不妨体验一下当地的特色美味。当然还要按需点餐，避免食物的浪费。多咨询一下店员菜品的味道与菜量的大小，将更有助于选择。入住中的垃圾分类与节约用水，相信都已成为大家日常的自觉行为。如果您有关于酒店环保的好主意，不妨在评价与留言中告诉酒店，促进更多的酒店"无废"转型。

8.6　踏上"无废旅途"

出门旅行，我们都会携带各种各样的旅行装备与物品，使我们的旅程更加地舒适。相信每一位旅行者的旅行装备都会与众不同。而您是否会考虑，您所携带的物品是否具有"无废"属性呢？

8.6.1　"无废"的包囊行天下

旅行中，行囊必不可少。每位旅行者都希望自己的旅行包可以像机器猫的口袋一样，里面装满了我们需要用的各种物品。我们在出游中往往会选择材质轻巧且容量较大的背包。很多背包企业在旅行包的研发中，关注可持续发展的概念，打造"无废"设计与制作，研制利用可回收材料制作的面料。例如，有的企业设计的轻质背包独特面料使用可回收塑料瓶制作而成，与传统面料相比，碳排放量降低了四分之三。各背包品牌越来越关注再生材料，纷纷采用各种再生材料制作环保面料，连同拉链、背带等配饰也都由环保纤维或材质制成，在减少对大自然的伤害中贡献一份力量。此外，箱包企业还不断提升箱包产品的耐用性，有的企业还建立了品牌维修系统，有效减少箱包废弃物的产生。

其实，日常生活中，我们也可以充分利用身边的材料，自制独一无二的环保背包，彰显个性。即使一件旧T恤，也可以做成一个具有实用功能的环保挎包！

第一步：根据挎包需要的尺寸，选择适合的废旧T恤，剪掉T恤的领子（图8-30）。

图 8-30　旧 T 恤剪掉领子

第二步：确定挎包肩带的高度，根据需要的尺寸，剪掉T恤的袖子（图8-31）。

第三步：将T恤下方剪一些流苏（图8-32）。流苏的宽度可根据自己的喜好，但是流苏过细容易断开，过粗编织后效果不佳。

图 8-31　旧T恤剪掉袖子　　　　　图 8-32　旧T恤裁剪流苏

第四步：将T恤里面翻出来，将正面下方流苏与反面下方流苏编起来（图8-33），制作挎包底边。建议将流苏编织两次，使挎包的底边更为结实。如果挎包准备装细小的物品，可以直接将流苏与流苏编织变更为手工或机器缝制。

图 8-33　编织流苏

第五步：编织后将挎包翻过来，就可以使用了。如果要制作精美的外出使用挎包（图8-34），还可以精心装饰一番。如果仅用于居家收纳，就直接可以使用了。

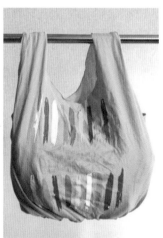

图 8-34　环保挎包成品

旅途中，我们可能会需要各种各样尺寸的收纳包，尝试着使用旧物改造一下，定会收获私家定制好物，也为"无废旅途"增添一份创意！

8.6.2 带上"无废"限量版

旅游出行，行头如何配备？行万里路，脚下一定要有一双合脚的鞋子。您是否想过，鞋子也已经开始了"无废"的发展之路？也许您已经在鞋子企业的广告中发现了有使用塑料瓶回收材料制作的环保鞋子，也有使用有机棉编织的鞋面，还有使用工业玉米制作鞋底，更有纯植物材料制作成的运动鞋，是不是很神奇？

典型案例

植物运动鞋

加拿大一个鞋类品牌推出了一款由100%植物材料制成的运动鞋，可完全生物降解，甚至还能堆肥。

仅在美国每年丢弃的鞋子至少有3亿双，很多直接进了垃圾填埋场，因为多数鞋子都由塑料和化学加工的材料制成，无法彻底分解。

而这款运动鞋的鞋面采用了一种由菠萝皮和有机棉混合制成的皮革状材料。

鞋的中底由90%的软木和10%的剑麻混合制成。剑麻是一种龙舌兰属植物，也是当今世界用量最大，范围最广的一种硬质纤维，常用于制作渔航、工矿、运输等领域的绳索。

此外鞋垫则由毡状玉米和原产于非洲中东部的纤维植物红麻制成，内底材质源于桉树，而外底采用的天然乳胶则来自一种热带三叶橡胶树，这种材料可放入堆肥被细菌自然分解，不会释放有害物质。

而且这款鞋子没有采用传统制鞋业中常用的聚氨酯涂层，所有材料都是用橄榄油浸过的黄麻线和天然乳胶基胶水连接在一起。

因此消费者可以直接把鞋子扔进堆肥箱，鞋子会在45天内开始分解，由于在生产过程中没有添加化学合成原料，不会对环境造成污染。

现在，越来越多鞋类品牌回收被丢弃的鞋子，利用其中可回收的材料，循环再生。

户外运动企业，也积极在服装面料中寻找可完全降解或可循环利用的产品面料。有些企业推出了可实现完全降解的篮球T恤，还有的专注于延长服装使用寿命提供终身维修服务，有的通过全球招募旅客关注塑料袋污染问题，清理沿途垃圾等方式，坚守环保理念，为旅行者和自然提供全面的保护。

旅行中，旅客往往需要携带很多物品，您会携带哪些呢？繁杂的物品收拾环节，往往是旅客出行前最为头疼的。一份"无废"的旅游清单（图8-35），可以成为我们出行的好帮手。

证件类	衣物类
☐ 身份证 / 护照 / 驾照	☐ 内衣裤
☐ 电子客票	☐ 袜子
☐ 电子酒店预订单	☐ 舒适衣裤
☐ 当地电子地图	☐ 拖鞋
……	……
洗涤类	其他类
☐ 毛巾 / 浴巾	☐ 便携购物包
☐ 牙刷牙膏	☐ 雨伞 / 雨衣
☐ 沐浴露	☐ 手绢
☐ 洗发水	☐ 必备药品
☐ 洗面奶	☐ 零食
☐ 梳子	☐ 各类电子设备
☐ 剃须刀	☐ 可携带餐具
……	……

图 8-35 "无废"旅游清单

8.6.3 "无废"行为不放松

随着旅游景区管理的规范，旅行者的诸多不文明行为已越来越少见了。旅游景区倡导旅行者在游览的过程中欣赏自然与生态美，遵守自然法则，避免对旅游目的地造成不良的影响。

典型案例

绿色旅游借鉴

日本的多家旅行社为保护生态环境，推出一日游特别团。游客在观赏湖山美景之际，动手收集园林中的垃圾，以保护园林的整洁。游客只需在风景区收集垃圾1小时，便可免费享受温泉浴和午餐。

长途旅行造成了大量的二氧化碳排放，为此英国越来越多的旅行社和志愿组织提倡绿色旅游，其中一种方式就是让那些需要搭乘飞机的旅客捐款植树，以此抵消旅程对环境的影响。有人倡议，从英国到冰岛旅游的旅客植树一棵，到厄瓜多尔的旅客植树三棵，以达到保护环境的目标。

德国人在旅游时会准备一个大大的旅行包，里面有刀叉、勺子、牙刷、牙膏等，他们用手绢而不是纸巾擦汗，旅馆一般不提供一次性生活用品，全由客人自带。景区内看不到用野生动物制作的旅游纪念品，餐馆里也无野味可供食用，因为捕杀、食用野生动物触犯法律。

最为常见的是垃圾丢弃问题。如今大部分旅行者可以将垃圾丢进垃圾桶，而不是随手乱扔。但是，在垃圾分类方面就做得不尽如人意了。这里可能存在着游客因为一时惰性不分类放置的问题，也可能因为游客自身对于垃圾分类的知识匮乏造成。因此，景区中的垃圾分类推行起来比社区困难更多。为了更好地落实垃圾分类，有的公园使用了智能化的设备（图8-36），投放者只需说出投放物品的名称，垃圾箱就会自动开启相应类别的盖子，减少错误投放的同时，也宣传了垃圾分类的知识。

图 8-36　景区智能引导分类垃圾桶

除了引导旅行者正确分类投放垃圾，部分景区还积极尝试减少甚至不设置垃圾桶，倡导旅行者随身携带垃圾袋，将自己的垃圾带出景区，实现无垃圾景区。随着"无废"理念在旅行者心中不断深入，也许未来景区垃圾桶会消失不见。

8.7　华丽转身的"无废景区"

景区是旅途中的必备要素。作为"无废城市"建设的重要组成部分，"无废景区"是一种将固体废弃物对环境影响降到最低的景区管理模式，强调固体废物源头减量化、资源化利用与无害化管理的原则。而景区本身的"无废"改变，使景区焕发了新的活力。例如，首钢滑雪大跳台随着我国冬奥运动员的相继夺冠成为镜头中的焦点。其中，带有冬奥会会徽的大烟囱，述说着老首钢厂的故事，迎来了络绎不绝的游客。再如，晋华宫国家矿山公园（图8-37）由废弃矿区改造而成，为游客带来全新的煤炭科普与体验。

图 8-37　晋华宫国家矿山公园

8.7.1　富有生命力的"无废景区"

良好的生态环境是景区的生命力。景区通过绿色治理、建设生态停车场、改造景区厕所、景区内增加新能源交通工具等方式减少固体废弃物与污染物的排放。各类智慧景区平台建设，使景区购票实现了数字化，进门等实现了人脸识别，更是在数字平台中联通了"吃、住、行、游、购、娱"各环节。很多景区还通过导游宣传"无废"理念，开展丰富多彩的宣传活动，使"无废景区"理念宣传深入人心。

典型案例

三亚鹿回头风景区"无废景区"创建

三亚鹿回头风景区"无废景区"创建工作着力"绿色环保"。景区统筹垃圾分类管理和资源化利用、加强环境保护管理与宣传、设立专项环保预算与加强废弃物回收率，使景区"绿意"更足。同时，制订"无废景区"创建专项工作分工明细表，将"无废景区"创建工作纳入部门的年度绩效考核，全力推进"无废景区"创建工作，助力三亚"无废城市"建设。

景区目前已推行电子宣传折页、线上扫码购票、无纸化宣传推广，不断加强信息化平台建设，减少办公用纸使用量，制订减塑计划并实施。景区还结合管理实际，通过推动景区实行垃圾分类，提升景区生态环境保护力度，促进固体废弃物源头减量、资源化利用和无害化管理，引导生态旅游转型升级。

此外，鹿回头风景区还设立专项环保预算，加强废物回收率。如对商铺、餐饮点承包商、游客参与垃圾分类进行奖励，开展捡垃圾换小礼品等活动；将景区各类固体废品转变为景观小品，如将塑料瓶安装太阳能小灯泡悬挂在树木上等，从而实现废品的资源化与艺术化利用，打造新的旅游景观吸引物。

"无废景区"通常通过生态治理、垃圾分类回收与处理、节水与循环用水等方式践行"无废"理念。例如，杭州良渚古城遗址公园通过圈养鸭子的方法治理了外来物种福寿螺，鸭子获得了美味，景区生态环境得到了改善。此外，鹿粪堆肥，施肥于大观山果园，桃树和梨树长势更旺。生态治理后，良渚古城遗址公园的游客增多了，访客满意度也更高了，见图8-38。

图8-38　良渚古城遗址公园的小鹿

在垃圾分类处理方面，"无废景区"更是下了大力气。湖州云上草原景区通过垃圾分类指导员指导与督促游客进行垃圾分类，力争垃圾"不出景区"。杭州西溪国家湿地公园在园内多处设立垃圾分类小课堂，让学生了解公园垃圾分类的缘由，在小朋友的心中种下"无废景区"的种子，同时号召家长一起参与，深化无废理念的宣传。

除了景区管理中减少固体废弃物以外，修复伤疤式的建设，更使当地发生了翻天覆地的变化。其中，工矿废弃用地的蜕变，成为"无废景区"关注的焦点。例如，瑞金作为共和国摇篮，通过对两座废弃矿山的改造，开发了红色实景演艺项目，重现了中共苏区战斗与生活场景，成为红色旅游的一张名片。

典型案例

瑞金市浴血瑞京景区

在瑞金市浴血瑞京景区内，有的游客手拿"枪支弹药"，投入到突袭敌军、炸毁敌军阵地的"战斗"中；有的游客亲身体验爬雪山、过草地等红军长征途中的艰难险阻。

"浴血瑞京"是赣州首个红色实景演艺项目，也是全省唯一的大型实战实景演艺项目。"浴血瑞京"红色实景演艺项目利用废弃矿山，按照国家4A级景区和"无废景区"标准打造，占地 0.37 平方千米，总投资 6 亿元，于 2018 年 11 月开工建设，2019 年 12 月建成运营。项目列入了赣州市六大攻坚战和 2020 年江西省旅发大会重点项目。

浴血瑞京景区是以红色实景演艺为主体，融合了历史文化、山水实景和现代旅游等各项要素的综合性红色旅游项目。景区建有历史文化区、水上娱乐区、拓展体验区、重走长征路、野战区、射击区、露营区等七大主题区，丰富了市红色培训、红色研学、实景党课等旅游业态，对赣州市"一核三区"旅游产业布局、红色旅游、红色教育培训发展具有重要的促进和拉动作用。

在"无废城市"建设的带动下，"无废景区"创建活动也在各地旅游景区中开展起来。各地都积极探索"无废景区"创建的实施细则与评选标准，希望通过标准化的过程使更多的景区走上"无废"的道路。

典型案例

"无废景区"实施细则

三亚鹿回头风景区和三亚蜈支洲岛旅游区将在相关部门的指导下制订三亚"无废景区"实施细则，通过试点形成"无废景区"建设标准和模式。创建内容主要包括：①鼓励旅游景区使用绿色环保材料，减少固体废弃物污染；②鼓励旅游景区建立旅游环境监测预警机制，实施旅游景区门票预约制度，有计划地采取各种限流和分流措施，科学管理景区的资源消耗；③鼓励向消费者提供符合卫生标准、可循环、可重复使用的替代用品，提供易降解、可回收再利用的绿色环保产品；④推动旅游景区门票电子化，逐步取消纸质门票；⑤倡导旅游景区限制销售过度包装的旅游商品，鼓励旅游景区建立商品与包装物分开销售制度，强调旅游商品生产者和销售者有义务回收包装物；⑥在景区内积极推行环保垃圾袋发放及回收制度，倡导游客将垃圾带离景区，鼓励游客将垃圾投放到指定地点等。

8.7.2 "无废景区"玩什么？

"无废景区"着力宣传环保理念，是否好玩呢？旅游出行，旅行者最希望获得身心放松与愉悦，"无废景区"是否可以带来同样的效果呢？答案是肯定的，而且"无废景区"还从环保的角度为旅行者开启了更为丰富的旅游资源与活动。例如，矿山改造后旅行者可以深入矿区，体验矿山工人的工作环境，探秘矿区开矿中的作业情景；农场加载生态与智慧属性，旅游者可以在体验中感受"无废"是如何实现的；影视景区推出"侠客"舞动长柄竹捡纸巾等垃圾，都给旅行者带来了风味十足的旅行体验。

典型案例

浙江省湖州市吴兴区灵粮生态农场景区

浙江省湖州市吴兴区灵粮生态农场景区以智慧农业为特色，传承世界级农业文化遗产——湖州桑基鱼塘系统，打造科学的物质循环链和能量多级利用模式，将"无废"理念深入贯彻到景区农旅研学体验和沉浸式科普教育之中，打造"无废景区"生态样板地。

农场通过大数据模型调控相关参数，利用数字化平台的运作，把旅游区作为"试验田"，实现上市果品带码销售，达到生态环保可循环、生产全程可追溯的目的。

深度融合，沉浸自然，结合景区各个模块，在暑期研学活动中开设"无废课堂"，将环保、垃圾分类融合在农场水稻课、育苗课、蔬菜采摘课等各种活动中，让周边的城市居民体会到自然野趣的同时宣传环保知识，拓宽学生锻体塑品新途径，深入践行"无废城市"新理念。

农场将景区内畜禽粪污、秸秆、污水等进行处理，变废为肥，回用于农业，从源头减量的同时减少农药化肥使用，充分利用太阳能、风能、水能用于灌溉等，降低能耗。

8.7.3 "无废景区"逛起来

"无废景区"如何逛？在我们旅游前是否也参考了别人的旅游攻略呢？何不尝试自己做一份旅游攻略，记录下旅游过程中的点点滴滴呢！

①需要提前下载好各种APP，例如地图类、餐饮类、交通类等，帮助我们不迷路，有饭吃。如果需要多日行程，酒店类和旅游类的APP也最好准备好。

②是否提前预订好了景区的电子门票以及其他票据。

③需要根据旅游参与者的情况定制出行计划。可以参考旅行人员的愿望，确定想去且必去的地方后，在地图中规划出行线路。

④提前确定景区中是否有相关的设施与服务，如餐饮区域、轮椅租借、箱包寄存等服务。

旅行中，我们希望放松愉悦身心，但同时也应该是一名对环境负责任的旅行者。行程中，我们是"无废旅行"中的主角，需要合理规划我们的出行线路，选择"无废"交通工具，携带充足的"无废行囊"，选择"无废酒店"，遵守文明游览秩序，摈弃不良习惯，成为实至名归的"无废"旅行者。

9 社会篇

从前面的章节中，我们了解了家庭、社区与旅行中应该如何践行"无废"行动，而在社会发展更为宏观的层面，我们又需要做些什么呢？

社会在科学技术的推动下，一方面加快了城市化的进程，经过农村人口进入城市，小城市人口向大城市迁移，少数大城市开启郊区化发展，最终呈现出大都市圈形态下城市与乡村融合的状况。城市中，大量人口聚集于有限的地域中，环境问题就会突显出来。很多城市居民都深刻感受到了人口、资源、能源、污染、固体废弃物等之间的尖锐矛盾。交通堵塞、垃圾堆积、大气污染等环境问题，使大城市居民的幸福指数直线下降，而这些问题解决起来却相当复杂。城市作为复杂地域系统，以不足5%的土地面积承载了近一半的全球人口和全球国内生产总值。城市在运转中更是环环相扣，往往是牵一发动全身。为了提升城市居民的幸福感，使城市发展朝着可持续的方向迈进，"无废城市"建设如火如荼地开展起来。

另一方面，乡村的发展也不容忽视。以我国为例，即使城镇化达到70%，仍会有近五亿的人口居住在乡村。美丽乡村是大家共同期待的，而美丽的背后同样需要"无废"建设。

作为社会中的一员，我们是社会发展的建设者与服务者，也是社会悠扬乐曲中不可或缺的音符。一方面，社会的改革与发展会给大家的生活与生产带来新的变化；另一方面，大家日常的生活与工作也会给社会带来潜移默化的影响。例如，"无废城市"建设中的垃圾分类、绿色消费、低碳出行等涉及大家生活的方方面面。我们在生活中的任何选择，都会影响到"无废城市"的发展。为了我们追求的美好幸福生活，让我们行动起来，加入"无废城市"建设大军，共筑美好家园！

9.1 新技术推动下的智慧管理

你试过这样的垃圾分类方式吗？当你收集的可回收物达到一定量时，利用微信扫一扫，打开小区可回收自助投递站（图9-1）大门，然后将装满可回收物的带有二维码白色袋子投递进去，等到工作人员取走里面的物品，你的微信小程序就会得到相应的积分，可换取各类生活用品。凭借投放记录，你可以去物业申请新的带有二维码的白色袋子，参与下一轮的可回收物收集。

图 9-1　可回收自助投递站

厨余垃圾的收集也增添了互联网的智慧。每家每户都有一个带有二维码的厨余垃圾箱。每天早上，居民上班时把箱子拎到楼下指定位置，就会有专人负责处理，处理后居民账户中会增加相应的积分（图9-2）。

垃圾分类积分规则

	厨余垃圾	其他垃圾	可回收物
分拣员分拣规则	居民每次投放合格计66积分，不合格不积分	居民每次投放合格计17积分，不合格不积分	居民每次投放合格计17积分，不合格不积分
居民有效投放时间	15:30—次日7:30	15:30—次日7:30	15:30—次日7:30
每日有效投放次数	每日1次，1次以上不予积分	每日1次，1次以上不予积分	每日1次，1次以上不予积分
每日正确投放最多可以获得	66积分，可以兑换价值0.66元商品	17积分，可以兑换价值0.17元商品	17积分，可以兑换价值0.17元商品

图 9-2　亦庄垃圾分类积分规则

这种独特的垃圾分类方式是2020年北京亦庄经济技术开发区为从源头上推动民众参与垃圾分类而建立的"互联网＋源头分类"的垃圾分类新方式。推出后的第一个季度就有万余户家庭绑定了厨余垃圾绿色账户，各小区居民们也逐渐适应并习惯了这样的垃圾分类模式，积极参与到垃圾分类中来。例如亦庄荣华街道通过每户"一桶一袋一码"的垃圾分类回收方式，精确统计了厨余垃圾的投递次数，发放约30余万元的积分奖励。随着经验的推广，越来越多投放站在亦庄安家落户，让垃圾分类不再成为难事。

2020年12月，亦庄垃圾分类开启2.0模式，由原先的"一户一码"升级为"一户一卡"，再加上亦庄自主设计开发的微信小程序"亦分类"，将垃圾分类纳入到智慧管理平台上来。这种方式不仅减少了塑料的使用量，节省了资源，更真正实现了垃圾分类的智慧化管理，是集智能监控，积分到账，值班值守打卡于一体的移动终端管理。不仅如此，智慧终端还可以统计垃圾分类过程中的具体数据，如每位居民垃圾投放次数及准确率，便于工作人员入户指导及开展科学的决策。为了让更多的居民真正投入到垃圾分类中来，亦庄还建设了"时长换积分"制度，通过值守1小时换200积分，进一步调动社区居民参与的积极性。新的垃圾分类2.0模式已覆盖全社区，"定时投放""时长换积分"等方式并行，已实现全部社区居民参与垃圾分类。

9.1.1 新科技使"无废"生活更有趣

在互联网、大数据等技术的助力下，"无废城市"逐渐进入有序且系统化建设中。新科技在废弃物处理前端，通过账户积分等方式拉动居民参与进来；在处理环节中，可以实现废弃物回收装置分布等合理化调配与监控；最终，清晰地展示出废弃物的动向，便于判断是否有效进行了资源化的利用。

互联网技术下的智能垃圾桶，箱体上有金属、纸张、塑料等字样，居民投放时只需选择相关的品类。虽然各类智能垃圾桶（图9-3）投放方式各不相同，有的通过人脸识别，有的通过扫描二维码，有的刷智能卡等，但为了便于激励居民，都设置了相应的积分，鼓励居民兑换各种生活物品。而且积分兑换也有相应的机器，可以实现自助式物品挑选。

图 9-3　智能垃圾桶投递站

除了智能垃圾桶需要居民前去"投喂"，互联网还打通了线上线下的信息渠道，实现了一键呼叫专业回收人员进行上门业务，解决了部分居民搬运困难的问题，见图9-4。此外，互联网技术还轻松实现了"无废"教育的问题，居民可以通过视频、游戏、图文等方式，轻松掌握垃圾分类与处理的各类方式方法。

图 9-4　线上下单上门回收流程

智能垃圾分类系统助力区域智慧化城市管理实现。以重庆市投用的智能垃圾分类系统为例，它涵盖了用户信息、积分兑换、预约回收、数据统计、区域监管等多项功能，实现了垃圾分类实时数据分析，为政府监督考核、综合管理、风险防范等工作提供了依据。西安航天基地的"互联网＋垃圾分类"数据平台则建立了从"上门回收"到"资源再利用"的全过程数据链。

9.1.2　智能助力下的"无废"建设

"无废"城市的智能发展离我们的生活有多远？其实，我们平日的生活中就能感知得到。当我们扫开共享单车、打开智能手表、查阅在线地图等互联网设备的时候，它们通过各种传感器实时获取城市的各种资讯。同时，这些动态的持续数据为智能分析奠定了基础。通过大数据分析，城市有关的各项数据可以反映城市内在的规律。例如，城市居民出行的数据分析，可以有助于打通城市交通栓塞，为建设更为完善的公共交通提供预测。此外，通过对比优化分析，结合公共交通的使用数据，就可以规划出更多满足居民需求的出行方案。智慧化城市管理（图9-5）为"无废"城市发展带来了新的解决方案。

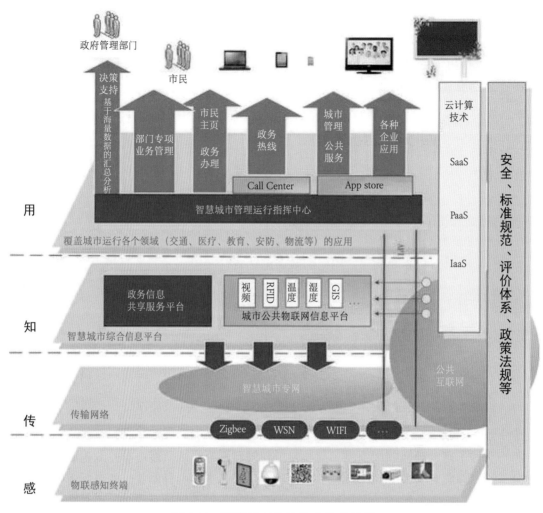

图 9-5　智慧城市总体技术体系框架

典型案例

深圳智慧环保平台

该项目获得 2021 年 IDC 亚太区智慧城市大奖暨中国智慧城市行业大奖，为全国超大城市环境管理创新实践标杆，帮助破解了深圳市乃至全国环境管理面临的顽疾。

该平台以生态环境大数据中心（"一中心"）和智慧政务、智慧监管、智慧服务、智慧应用平台（"四平台"）为架构（图9-6），将区块链应用于环境信访投诉过程跟踪，实现生态环境监管精准化、环境治理系统化、绿色发展科学化、政务管理信息化的四大核心价值。截至 2021 年 10 月，平台已上线系统 60 个，总用户账号逾 12 万个，物联网对接 4000 余套感知设备，接入 220 亿条历史监测数据，全面覆盖 9 万家污染源，超过 7000 个监测点位、100 种类型数据的全流程可视化监管，现场执法、水环境管控等基本业务已依托平台开展。

图 9-6　深圳智慧环保一体化平台示意

典型案例

天津中新生态城无废城市信息化建设

天津中新生态城"1+3+N"的智慧城市架构体系上，推动无废信息化平台建设，与现有的环卫、固废等管理平台高效整合利用，实现对固体废弃物的智慧化管理（图9-7）。

图 9-7　天津中新生态城无废城市信息化展示

①过程监管赋能，全生命周期追踪管理。打开中新天津生态城无废城市信息管理平台，固体废弃物按照生活垃圾、装修垃圾、医疗废物、园林垃圾、危险废物、建筑渣土、餐厨垃圾七个类别分类管理，实现所有固体废弃物从产生、分类、收集、运输到处置的全量数据智慧感知、全过程可视化跟踪与监管。

②智能分析预警，提升环境风险防控能力。生态城在无废城市信息管理平台搭建过程中，注重对智能分析预警功能的发掘，充分利用4G/5G、物联网、GIS、AI、大数据、卫星遥感等技术，对业务数据、异常事件等进行分析、预测、预警，用技术服务管理，将问题曝光、消灭于萌芽状态。

③多级评价考核，加快多业务协同。"无废城市"的建设，需要多个参与主体共同努力。为避免"木桶效应"，做到均衡发展，生态城按照"横向到边、纵向到底"的原则，对固体废弃物管理进行全生命周期的考核评价。无废城市信息管理平台的建立为考核和决策提供了数据支撑，满足城市考核的同时数据直连生态环境部，供部级评估考核。

④全民参与共管，打造"全民无废"服务通道。建立企业产业共生服务体系与公众参与服务体系，O2O打通线上预约与线下收废，并针对性提供指导与服务，切实提高群众获得感，通过政府、企业、公众的良性互动实现城市"无废"。

在物联网、云计算等新一代智能技术的支持下，"无废"城市通过动态的智慧管理、变革性的技术提升、精细化的废弃物利用，缓解了城市中的环境问题，助推城市环境迈向可持续发展目标。

在能源系统中，智能技术可以智能化整合、监督、调控各能源供给系统，高效调节区域能源供给，实现各类能源之间的高效互补利用。以美国夏威夷州的毛伊岛为例，它建立了新的管理机制，将风力发电系统与电动汽车充放电相结合，不仅解决了可再生能源在不同天气下的影响，同时保障了电力系统的稳定。在水务领域，智能技术通过传感器与水质监测仪等监测设备，借助物联网与大数据的智慧实现了城市供水、排水的自动化监测、评价与管理，远程控制供水量、水压等，潜在危险自动预警、事故报警及应急处置等功能。农业中，智能技术化身为各类能干的机器人，如喷洒农药的无人机、自动收割机器人、无人驾驶的各类农机具，解放了大量的劳动者，有效提升了城市农产品的供给量。拥堵的城市交通中，智能技术通过在线数据传输与智能分析系统，给我们带来了便捷的实时行驶路线规划；智能公交站牌使公交车到站时间一目了然；集众多智能技术于一身的无人驾驶汽车将开启交通新模式。总之，智能技术遍布城市发展的各个角落，通过智慧化的方式，降低城市的能源与资源消耗，建立更加高效、和谐的城市运行体系，是"无废城市"建设的核心支撑。

我们的生活在智能技术的发展下，实现了坐在家中线上下单线下回收旧衣，随时查看公交车到站时间，在线学习名师课程，远程在线挂号与就诊等新方式。生活的多个维度无论是吃穿住行，还是教育、医疗、养老等，都在智能技术的影响下发生着巨大的变化。您的生活在智能技术推动下都有哪些变化？这些变化是否有助于"无废"城市的发展呢？

9.2 物流包装的绿色发展

电商行业的发展使网购成为人们生活中不可或缺的一部分，随之也带来了显著的问题。据统计，深圳每年收到约12亿件快件，24万吨快递包装垃圾，快递包装所产生的垃圾约占城市固体废弃物的40%。我国每年在快递包装中使用的胶带就可绕地球四百多圈。

2017年，深圳开始从快递运单、包装、运输、包装回收及监管等细节入手，探索快递行业的绿色化发展。目前，深圳已经基本实现了快递运单的电子化。例如，2019年顺丰公司通过采用电子签约销售合同，累积节约110余万元纸张费。深圳通过减少二次包装和"瘦身胶带"（图9-8）实现了固体废弃物的减量，京东通过这项措施，预计每年可减少1亿余米胶带的使用。为了减少快递包装所产生的固体废弃物，深圳市邮政管理局大力推广"可循环中转袋"，多家快递公司也尝试推出快递循环箱（图9-9）。为了促进对快递箱的回收，深圳在邮政快递的网点安装了快递包装绿色回收箱。

图 9-8　邮政快递采用的 45 毫米"瘦身"胶带　　　　图 9-9　京东可回收快递包装箱

2020年6月，为了进一步推广快递的绿色包装，深圳市印发了《深圳市同城快递绿色包装管理指南（试行）》和《深圳市同城快递绿色循环包装操作指引（试行）》，这两个条例分别从快递的包装材质、封装材料和同城快递的循环包装使用方式、填充物、回收操作等方面进行了规范，进一步促进了深圳快递包装的绿色、减量、可循环。

深圳市通过上层政策规范引领，快递行业细节创新，到2020年8月，快递行业新增的新能源汽车超过400余辆，快递包装回收点达到1197个，电子运单达到了99.4%的总量，"瘦身胶带"使用率达到了95.3%，减少二次包装量高达90%以上，循环中转袋的使用率达到99.8%。这些措施的实施有效地减少了碳排放，促进了快递行业的绿色发展。通过推动快递行业"绿色、减量、可循环"发展，助力深圳"无废城市"的建设。

9.2.1　绿色包装学问多

物品上的包装是我们生活中习以为常的事物。早在战国时期，人们纪念屈原的粽子，就使用了天然材料来包裹食材，形成了包装的雏形。购买的物品没有包装，似乎缺少了与外界的隔离与保护。从商业角度来看，精致的包装不仅可以保障产品的质量，还大大提升了产品的经济价值。但由包装带来的大量废弃物也给城市环境带来了严重的危害。我国包装废弃物占城市家庭生活垃圾的10%以上，而其体积则占家庭生活垃圾的30%以上，数量在1600万吨左右，每年还以超过12%的速度增长。以快递业为例，我国快递业务量稳居世界第一，每年消耗的纸类废弃物超过900万吨、塑料废弃物约180万吨，而且仍呈快速增长的态势。"无废"城市建设中，随着商业与物流业的迅速发展，包装问题越来越受到关注。包装产品从原材料选择、产品制造、使用、回收到废弃的整个过程均应符合生态环境保护的要求，对生态环境不造成污染，对人体健康不造成危害，用料节省。因此用后利于回收再利用，填埋时易于降解，且符合可持续发展要求的一种绿色包装由此产生。

知识链接

绿色包装的五个原则

①实行包装减量化(reduce)，包装在满足保护、方便携带、利于销售等功能的条件下，应尽可能减少材料使用总量。

②包装应易于重复利用(reuse)，或易于回收再生(recycle)。已用的包装通过生产再生制品、焚烧利用热能、堆肥改善土壤等措施，达到再利用的目的。

③包装废弃物可以降解腐化(degradable)，最终不形成永久垃圾，进而达到改良土壤的目的。reduce、reuse、recycle、degradable是当今世界公认的发展绿色包装的3R1D原则。

④包装材料对人体和生物应无毒无害，包装材料中不应含有有毒性的元素、病菌、重金属，或含有量应控制在有关标准以下。

⑤包装制品从原材料采集、材料加工、制造产品、产品使用、废弃物回收再生，直到其最终处理的生命全过程均不应对人体及环境造成危害。

在绿色变革的浪潮中，绿色包装的发展关注绿色设计、包装材料、包装工艺、包装印刷、废弃物回收等方面。绿色包装在满足设计需求的同时，更加注重环保功能。在材料方面，绿色包装以自然材料、再生材料、可降解材料等废弃后易于处理回收的材料为主，例如竹篓包装(图9-10)。在技术上，绿色包装首选"清洁工艺"技术，添加剂、胶黏剂等辅助材料要符合绿色标准。此外，绿色包装也同样遵循着生命周期的发展，强调在发展中任何一个环节都要符合绿色标准。

图 9-10 竹篓茶叶包装

很多负责任的企业已关注到包装所带来的各类问题，开展改进包装材料、回收空瓶等包装物、建立快递包装回收体系等。例如，美妆企业发现美妆产品的包装材料往往比较小，而空瓶中的残留物质还会造成污染，回收难度高且回报太低，无法进入回收体系。为此，美妆企业推出了自己的回收政策，通过回收换积分或优惠券等方式，鼓励消费者将美妆空瓶或包装物回收进入内部回收体系（图9-11）。各快递企业也着力解决包装的减量化，通过投放循环包装、建立快递包装社区回收体系等方式，减少快递包装中纸张、塑料等材料的消耗，提升绿色包装水平。

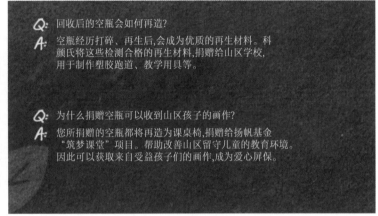

图 9-11　美妆品牌（科颜氏）空瓶回收项目

典型案例

顺丰绿色包装

(1)减量化包装

顺丰于 2018 年启动"丰景计划"，以绿色包装物料为基础，开发并制定绿色包装整体解决方案和碳排放评价标准，以智慧化、系统化、数据化、可视化的物料应用与管理模式，提升资源使用效率。2020 年，基于前两年工作基础，推进了扫码运单、电子运单优化改型，并建设完成了大宗包材物理性能数据库，为量化修订标准，减少过度包装奠定基础。

(2)循环化包装

顺丰研发了包含丰 BOX（图9-12）、集装容器（图9-13）、笼车、循环文件封四大类的循环快递容器，并搭建了顺丰循环运营平台进行数据管理，同时积极联合各利益相关方打造快递包装循环生态圈，将快递运营所造成的环境影响降到最低。截至 2020 年底，顺丰投放了 8 个循环产品，共计实现 9350 万次循环。其中，2020 年丰 BOX 循环约 700 万次。

(3)环保包材

顺丰在快递行业首创无墨印刷纸箱（即激光纸箱）（图9-14），采用激光雕刻技术替代传统油墨印刷，可以 100% 节省印刷油墨的消耗，同时具有字迹不易磨损、加工精度高及印刷速度快等优点，实现绿色环保的同时具有较高的经济价值。2020年，顺丰对无墨印刷纸箱、文件封已试点成功，正逐步进行全网推广。

图 9-12　丰 BOX　　图 9-13　集装容器 C-BOX　　图 9-14　激光纸箱

典型案例

苏宁于2019年4月底启动"绿色灯塔"（图9-15）快递包装社区回收体系，在全国推出了"10000+绿色灯塔"的社区回收试点建设。依托苏宁小店等智慧门店，立足于对传统纸箱、循环包装的回收再利用，逐渐覆盖社区、校园、商场等领域，从而实现全场景回收模式，打造开放式回收网络。

图 9-15　苏宁"绿色灯塔"回收点

9.2.2　选购物品看包装

作为消费者，我们是物流包装绿色发展环节中重要的参与者。在日常生活中，如何才能选到绿色包装的物品呢？正如很多消费者在选购家电的过程中会注意观察能耗标识一样，在绿色包装方面，各国也有自己的标识（图9-16）。包装上的绿色标识更易于消费者在购物中识别。

德国"蓝色天使"环保标志

北欧"白天鹅"标志

中国"绿色包装"标志

日本"爱护地球"标志

加拿大"枫叶"标志

图 9-16　不同国家环境标志

知识链接

德国的"绿点"与"蓝天使"

1975 年，世界第一个绿色包装的标识在德国问世，它是由绿色箭头和白色箭头组成的圆形图案（图 9-17），上方文字由德文 DERGRNEPONKT 组成，意为"绿点"。"绿点"的双色箭头表示产品或包装是绿色的，可以回收使用，符合生态平衡、环境保护的要求。

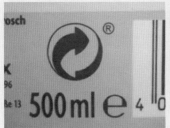

图 9-17　不同产品上的"绿点"标识

1977 年，德国政府又推出"蓝天使"绿色包装标识，授予具有绿色环保特性的产品及包装。"蓝天使"包装标志由内环和外环构成，内环是联合国的桂冠组成的蓝色花环，中间是蓝色小天使双臂拥抱地球状图案，表示人们拥抱地球之意。外环上方为德文，意思为"循环"，外环下方则为德国产品类别的名字（图 9-18）。

图 9-18　"蓝色天使"绿色包装标识

生活中，我们可以这样做：在产品选用中，尽量选择大包装产品，减少包装使用量。考虑使用简装产品而避免使用精装产品；在产品运送中，配合快递公司回收纸箱等方式协助运输包装进入回收系统；在产品使用后，将包装物进行分类，放入相应垃圾桶中，更好地回收包装废弃物。我们的选择与行动，关系绿色包装的可持续发展与精准化实施。下一次购物中，您除了价格、品牌、质量等方面，不妨也将绿色包装列入考量的标准中，支持绿色包装产品！

9.3　治理白色污染的组合拳

白色污染是人们对塑料垃圾污染环境的一种形象称谓，主要包括塑料制品、橡胶、涂料、纤维、黏合剂等。塑料制品许多都是一次性的，可以被回收的仅占一小部分，其余一大部分没有被回收的塑料成了垃圾，被丢弃到地球的各个角落，而它们的降解则需要几百年的时间。由于塑料制品类垃圾被随意丢弃后，很难在短时间内降解，从而会导致严重的污染现象。科学家估计每年有近千万吨的塑料倾倒在我们的海洋中，海洋中已有的塑料超亿吨。此外，科学家调研发现近表层海水与北极中均发现了塑料的细小碎片或颗粒。它们还出现在了我们的饮用水与餐桌上，影响着大家的健康。在欧洲肠胃病学会上，研究人员报告确认首次在人体粪便中检测到多达9种微塑料，它们的直径为50 ~ 500微米。

白色垃圾在城市中尤为明显，为此海南三亚经过反复实验探索，形成了"制度引领+源头减量+陆海统筹+公众参与+国际合作"的白色污染综合治理模式。这种模式从塑料的生产、销售、使用、处理及各个环节的监管入手，有效地减轻了"白色污染"对三亚的影响。

在制度上，三亚严格执行禁塑令，并针对塑料的生产、销售和使用出台了一系列的限制措施；在塑料垃圾管理系统上，三亚健全了城乡塑料垃圾清运系统，通过塑料制品回收网络，对可回收塑料资源进行回收再生，对不可回收的塑料垃圾，通过扩建生活垃圾焚烧发电厂进行焚烧发电，减少塑料垃圾填埋造成的污染。

为了从根本上治理塑料污染，三亚市出台了《三亚市全面禁止生产、销售和使用一次性不可降解塑料制品实施方案》等系列"禁塑"文件，明确了"禁塑"令实施的范围和采取的基本措施。在生活领域，三亚市要求商店和餐馆利用可重复利用的食品袋及餐具代替一次性不可降解食品袋及餐具。在快递运输行业，推广绿色包装，减少胶带和一次性塑料袋的使用。在农业生产方面，创新研制了全生物可降解地膜（图9-19），这种地膜不仅具备传统地膜的功能，在降解后还可以增加土壤的肥力，改善土壤结构，这种新型地膜的出现大大减少了一次性地膜的使用；同时，三亚市还制定了农业废弃物处理办法，实现了废弃农药瓶的全面回收。

图 9-19　三亚农田里的全生物可降解塑料地膜

此外，三亚的塑料污染治理也将公众纳入进来。通过建立多个海洋环保宣教基地，开设禁塑及海洋环保宣教活动，为市民提供了科普平台。据统计，2020年超过5万志愿者投入到"禁塑"宣传和海洋环保活动中，公众的环保意识不断提升，为三亚市创建"无废城市"提供了强大的动力。

9.3.1 治理白色污染政策先行

在减少白色污染的战斗中，政府一马当先发布禁塑有关政策。例如，《中华人民共和国固体废物污染环境防治法》《关于进一步加强商务领域塑料污染治理工作的通知》《国务院办公厅关于限制生产销售使用塑料购物袋的通知》《关于进一步加强塑料污染治理的意见》等对塑料制品的销售等方面均提出了要求。2020年底我国一些城市商场、餐饮、超市、书店、展会等场所已禁止提供与使用不可降解塑料袋、一次性塑料吸管、餐具等。

知识链接

禁塑的由来

2002年：孟加拉国是世界上第一个实施塑料袋禁令的国家，因为在灾难性洪灾中，塑料袋是排水系统堵塞的首要原因。其他国家随后纷纷加入"禁塑"行列。

2011年：全世界每分钟消耗100万个塑料袋。

2017年：肯尼亚实施最严"禁塑令"，如此一来，全球已有累计20多个国家通过实施"限塑令"或"禁塑令"来规范塑料袋的使用。

2018年："塑战速决"被选为世界环境日主题，由印度主办。世界各地的企业和政府纷纷表示支持，陆续表达了致力于解决一次性塑料污染问题的决心和承诺。

随着白色垃圾治理的深入，各省市对禁塑的要求也不断提高。例如，北京对使用不可降解塑料袋的商家最高可以处以10万元的罚款。在政策的引导下，北京购物塑料袋的销量大幅下降。然而，新的问题是超市提供的免费卷包使用量越来越大。为此，北京升级"限塑令"的实施要求，对超市卷袋（图9-20）试点收费，通过经济手段加强对公众行为的引导。山西省通过《山西省禁止一次性不可降解塑料制品条例（草案）》明确全省禁止生产、销售与使用一次性不可降解塑料制品。广东省全面加强塑料污

图 9-20 超市卷袋

染全链条管理，加强执法检查发现近千家与禁塑有关的厂家，从源头上遏制了白色污染流入社会。

9.3.2　减少白色污染企业助力

众多有社会责任感的企业也纷纷加入到减少白色污染的行动中。酒店企业使用可再生生物降解材料的洗浴用品；餐饮行业采用可降解材料的餐具、饮料杯、吸管等；超市为顾客提供环保购物袋与可降解购物袋；生产企业研制薄膜产品减少包装材料使用量等。企业纷纷在各自领域中进行减塑研发与创新。

典型案例

减塑新功能

为减少一次性餐具的使用，2017年9月，饿了么App"无需餐具"备注功能在全国上线，倡导平台用户的一次性餐具减量化意识。该环保功能于2018年6月与支付宝蚂蚁森林打通，用户在叫外卖时主动点选"无需餐具"即可获得蚂蚁森林绿色能量，此举直接引导"无需餐具"功能的使用量增长超过七倍。截至2020年7月底，饿了么送出无需餐具订单累计突破3亿单，减少碳排放4800吨，相当于在荒漠地区种下26.5万棵梭梭树。

此外，饿了么已携手高校、环保机构、环保供应链企业、平台环保商户、领先可持续品牌、公益组织等专业领域的合作伙伴建立"蓝色星球计划联盟"，共同站在外卖行业全生命周期和全价值链的角度，从外卖包装的原材料、包装生产，到平台商户、外送环节、消费者以及后消费周期延伸出的回收、材料再利用、废弃物可降解等环节发挥中心平台效应，探索解决方案，创造共享价值。2020年，易代扔平台加入饿了么"蓝色星球计划"，消费者可"一键预约"上门回收塑料餐盒等，截至7月底，双方共回收了外卖塑料390千克，减少碳排放约为585千克；针对塑料杯盖，饿了么也携手KFC、Tims、麦隆咖啡、Seesaw发起"杯盖回收计划"。回收之外，饿了么联手潮服品牌，用回收塑料饮料瓶做成各种服饰，2020春夏联名系列已亮相上海时装周；在"95公益周"推出的两款义卖"福包"分别由7.425个塑料餐盒和4个塑料瓶制造而成。

企业在产品设计中也注重减塑理念传递，致力于减少塑料的回收与再生。我们对于减塑理念产品的选购也是对企业的一种支持与鼓励。例如，百事公司2020年发起"与蓝同行"塑料瓶回收项目，通过线下放置回收设备，线上搭载小程序，探索和尝试塑料回收利用的更多可能性，致力于携手众多合作伙伴及消费者共同践行可持续发展理念，通过重塑再造，实现真正的"塑造新生"，打造一个"无塑成废"的世界，见图9-21。

图 9-21　百事公司"与蓝同行"塑料瓶回收项目

白色污染对于人体的危害越来越受到公众的关注。我们日常生活中，接触最多的白色污染就是塑料袋、一次性餐盒、吸管、饮料瓶等。我们可以为此做些什么呢？

☐ 使用玻璃或不锈钢材质的饮水瓶

☐ 随身携带购物袋，避免使用一次性塑料袋

☐ 减少一次性餐盒的使用

☐ 减少塑料吸管的使用

☐ 选择有可降解塑料制品标识（图 9-22）的物品

☐ 选择有可回收塑料制品标识的物品

图 9-22　可降解塑料制品标识

9.4　精准治理危险废弃物

危险废弃物是指列入国家危险废物名录或者根据国家规定的危险废物鉴别标准和鉴别方法认定的具有危险特性的废弃物，它们具有毒性、腐蚀性、易燃性、爆炸性、反应性和感染性等特性。危险废弃物治理由于其危险高、污染威胁大，而成为治理环境污染中重要的环节。危险废弃物处理系统的建立以国家的相关法律法规和政策为前提。城市中危险废弃物处理系统主要包括危险废弃物的收集、分类、鉴别、预处理、暂存、运输、资源回收及末端处理等环节，正朝着资源化与无害化方向迈进。

知识链接

国家危险废物名录（2021 年版）节选

废物类别	危险废物	危险特性
HW03 废药物、药品	销售及使用过程中产生的失效、变质、不合格、淘汰、伪劣的化学药品和生物制品（不包括列入《国家基本药物目录》中的维生素、矿物质类药，调节水、电解质及酸碱平衡药），以及《医疗用毒性药品管理办法》中所列的毒性中药	T
HW12 染料、涂料废物	使用酸、碱或有机溶剂清洗容器设备过程中剥离下的废油漆、废染料、废涂料	T、I、C
HW49 其他废物	废弃的镉镍电池、荧光粉和阴极射线管	T
HW49 其他废物	废电路板（包括已拆除或未拆除元器件的废弃电路板），及废电路板拆解过程中产生的废弃 CPU、显卡、声卡、内存、含电解液的电容器、含金等贵金属的连接件	T

备注：危险特性，是指对生态环境和人体健康具有有害影响的毒性（toxicity，T）、腐蚀性（corrosivity，C）、易燃性（ignitability，I）、反应性（reactivity，R）和感染性（infectivity，In）。

例如，绍兴作为一个以传统纺织印染和医药化工为主要产业的城市，为了实现可持续发展，绍兴市制定了《绍兴市危险废物和医疗废物处置设施建设规划》，意图实现医疗废弃物无害化，危险废弃物安全处置。危险废弃物的收集与运输相对于一般固体废弃物要严格许多，小微企业在危险废弃物收运中往往困难重重。绍兴市前期调研小微企业的危险废弃物产生情况和分布地区，发动危险废弃物处置单位积极与小微企业对接，进行街乡的网格化签约，仅上虞就有270余家企业进行了签约。由危险废弃物处理单位进行上门指导，小微企业每月提前申报，确保危险废弃物能及时清运，解决了这一难题。此外，为降低固体废弃物和危险废弃物的环境污染风险，绍兴越城区建立"保险+信用+监管"模式，对企业的环境风险进行评估，为高风险企业提供环境污染事故保险。通过这种模式的推广应用，大大降低了固体废弃物和危险废弃物的环境污染风险。

9.4.1 生活中危险废弃物处理

人们的生活中也会产生各种各样的危险废弃物，例如过期药品、废油漆、废旧电子产品、废电池、杀虫剂等。我国国家危险废弃物名录指出生活垃圾中的危险废弃物包括家庭日常生活或者为日常生活提供服务的活动中产生的废药品、废杀虫剂和消毒剂及其包装物、废油漆和溶剂及其包装物、废矿物油及其包装物、废胶片及废相纸、废荧光灯管、废含汞温度计、废含汞血压计、废铅蓄电池、废镍镉电池和氧化汞电池以及电子类危险废弃物等。这些危险废弃物需要投放到有害垃圾桶中，避免有毒有害物质在投放中污染环境。对照图9-23看一看，这些危险废弃物是否被正确识别并投放了？

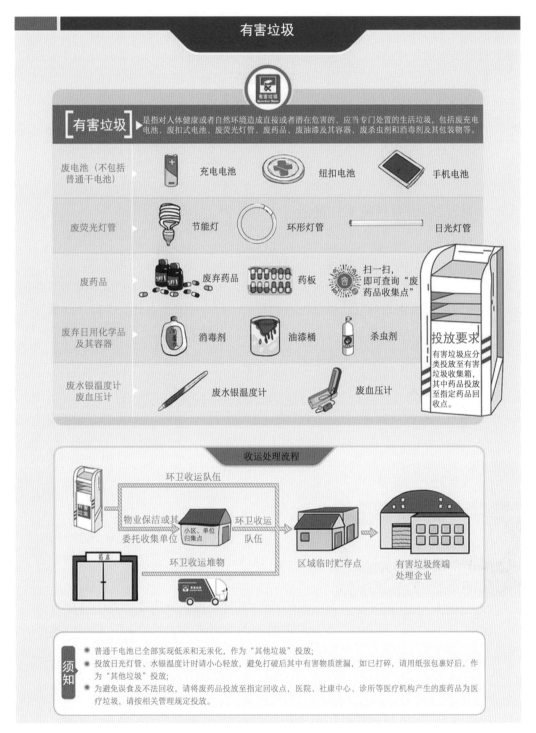

图 9-23　有害垃圾及收运处理

家庭产生的危险废弃物由于种类多、产量小、回收体系不完善等特点，常常被当作其他垃圾投放，成为城市危险废弃物治理中的薄弱环节。处理不当的危险废弃物会对公众健康以及周围环境造成较大的威胁。因此，无害化是重中之重。首先就是危险废弃物的正确分类与专门回收。为了更好地帮助居民提高有害垃圾投放的准确性，政府与社区开展了有害垃圾的宣传活动，如青岛辽源路街道就专门开展了"有害垃圾集中投放日进社区"活动，为居民普及有害垃圾分类常识，提升居民有害垃圾的辨识能力。其次，家庭产生的危险废弃物在处理与处置中，协调社会多元力量进行共同合作治理。如深圳2020年底建立了危险废弃物处置交易平台，以单品类危险废弃物为交易品种，为企业提供签约、检测、支付的一站式线上服务，攻破议价难题，降低危险废弃物处置成本。同时，危险废弃物的监督与管理也是重要举措。

9.4.2　寻找危险废弃物减量化途径

　　危险废弃物由于成分复杂，具有毒性、腐蚀性、易燃性、反应性和感染性的一种或多种危险特性，处置成本高且处理不当会对环境与人体健康造成严重危害。因此，从源头减少危险废弃物的产生，既可以减少对环境的污染，又可以避免处置危险废弃物的高额成本与压力。减量化成为危险废弃物污染防治工作中的优先原则。危险废弃物减量化就是要通过采用适当的技术与管理手段减少危险废弃物的产生量与危害性。在我们的生活中，如何参与危险废弃物的减量工作呢？

　　①可以通过替代产品选择，减少危险废弃物的使用。以体温计为例，我们在选购中可以选购电子体温计、耳温枪（图9-24）等替代水银温度计。我国国家药监局规定自2026年起将全面禁止生产含汞体温计和含汞血压计。其实不止我国，瑞典、法国、英国、丹麦、美国等也已禁止销售含有水银的医疗设备，其中就包括水银体温计。因为，水银是一种易于挥发的物质，一旦水银体温计破碎，洒落的水银未被及时清理就会挥发到空气中，引发神经系统、消化系统等症状，危害人体健康。

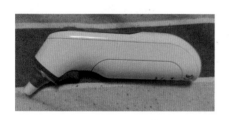

图 9-24　耳温枪

　　②可以通过适量的使用，减少危险废弃物的消耗。以消毒剂为例，适度与适量的原则可以防止过量使用造成的危害健康的情况发生。因为，消毒剂的过量使用，会引发消毒剂中毒，甚至危及生命。消毒剂并不是浓度越高越好。例如，酒精类消毒剂浓度以75%为宜，由于其易燃易爆易挥发的特点，最为安全的使用方式是擦拭；84消毒液使用之前一定要进行稀释，由于其有很强的刺激性气味和腐蚀性，不要与其他消毒产品混用，尤其是洁厕灵、酒精等；泡腾消毒片腐蚀性较小，但也要充分稀释后使用。消毒剂的过度使用并不可取，例如全身喷洒消毒剂、车轮消毒、室外环境表面反复喷洒消毒剂、户外水域投放消毒粉等行为，将会使过量的消毒剂进入自然环境中，造成环境污染或影响人员的健康安全。

企业方面，可以通过实施清洁生产，合理选择和利用原材料、能源和其他资源，采用先进的生产工艺和设备，从源头上减少危险废弃物的产生量和危害成分。例如，杭州电缆生产企业通过专业危废减量设备的引入，减少危废量达90%以上。

9.5 废旧纺织品的新去向

每年换季，家庭大扫除整理出来的旧衣服都去哪里了？打包放在小区的垃圾桶边？还是预约网上的旧衣上门回收？或者是找个旧衣回收站点低价出售？

纺织制品作为垃圾直接丢弃焚烧其实是一种资源的浪费。相比其他"垃圾"而言，纺织品可谓是最有价值的回收物品之一。大部分衣物上的金属制品是可以直接再利用的，破损的衣物则可以经过拆解，重新加工成抹布、垫料、拖把、地垫等，没有破损的衣物则在经过清洁和简易包装后可再次被利用。

从个人的角度，为了省事有些人会直接把过时的旧衣物像垃圾一样直接丢到垃圾桶。从社会的角度，每年的废旧纺织品数量惊人。以纽约为例，每年的废旧纺织品达到约20万吨，占垃圾总量超过6%。为此，纽约开始了一系列二手衣物回收项目。通过在公寓、教堂、道路旁等地方设置旧衣物回收箱，为居民们提供了非常便利的旧衣服回收途径。据统计，2013年纽约市已经在250栋公寓内设置了旧衣服回收箱，见图9-25。还有一些在店内设置回收桶，顾客可以将旧衣物在店内捐赠，以此获得购物点券。纽约市环卫局创建的在线互动地图标记了整个城市的1100多个公共和私人旧衣物回收点（图9-26），市民可以从交互式在线地图中快速找到回收投递点。同时，还利用公共基础设施如公交亭、免费无线网络以及其他媒体开展废弃衣物的收集与重复使用宣传，或联合学校开展专门的旧衣回收项目（图9-27），通过旧衣服清洁后加工或再销售，提升其回收和利用率，使许多纺织品免于焚烧填埋，资源得到了更加充分的利用。

图9-25　纽约的衣物回收箱　　图9-26　纽约定点绿色回收

2019年#WearNext城市试点项目通过最大限度地利用纽约市现有的基础设施来减少纽约市的服装浪费，远离填埋，节约旧衣，赋予纺织制品新的生命，鼓励纽约市民众参与旧衣物的捐赠、修补、转售以及旧衣交换等。这个项目与一些知名品牌零售商进行合作，其他参与者包括纺织品收藏家、经销商和回收商等。通过与媒体机构合作，向公众进行宣传，见图9-28。

图 9-27　与学校合作进行　　图 9-28　站牌上的 #WearNext 宣传
　　　　衣物回收

9.5.1　废旧纺织品的分级回收

　　废旧纺织品一方面来源于生产所剩余的边角材料，另一方面来源于消费后的废弃物。《中国废旧纺织品再生利用技术进展白皮书》指出，我国每年消耗的纺织纤维达3500万吨，每年产生的废旧纺织品可达2000万吨，再生利用率不到20%。然而，每年产生的废旧纺织品以超过10%速度快速增长。如果可以提升其利用率，则间接增加了纺织纤维产量。我们较为常见的回收方式是旧衣回收箱（图9-29）、品牌服装企业回收以及公益组织回收等方式。但旧衣回收并不仅仅是简单地将废旧衣物放入相应的回收箱中或交给回收人员就完成了，它

图 9-29　旧衣回收箱

后面需要有架构清晰的分级回收系统（图9-30）支持。旧衣回收的难点就在于如何分类利用。目前回收后的旧衣有的经过消毒可用于扶贫、救灾等工作中，有的消毒后进入企业进行再加工变成了地垫、拖布等，有的摇身一变成为新的材料。其实，废旧衣物的回收还需要跨行业的产业链合作，从而建立更为完善的产业循环利用解决方案来提高资源利用效率。

图 9-30　废旧织物处理方式

在零级回收过程中，百姓最关心的是旧衣的去向。如果流向了非法市场或者产生了二次环境污染，那就违背了捐出旧衣的初衷。因此，旧衣的去向如果可以追溯，大家能够见证它们去发挥作用，也会获得成就感。很多开展旧衣回收的机构也在积极思考如何借助信息技术实现这一功能，关注旧衣物去向。

典型案例

海南省废旧纺织品综合利用项目

建立接收旧衣物捐赠点。以海口市为试点，在市区内501个小区安放800个捐赠废旧纺织品的回收箱，形成能够覆盖主要城区的回收废旧衣物网络。建立一条废旧衣物分类处理生产线，负责对回收的废旧衣物进行分类、清洗、消毒和包装。凡可用于慈善捐赠使用的，将其进行消毒整形后用于慈善捐赠。无法直接利用的，统一交给再生资源处理工厂进行再加工。

建立捐赠废旧衣物回收利用管理制度。做好捐赠废旧衣物登记，建立台账；跟踪和记录捐赠衣物的流向；对接市（县）民政部门，了解受助群众需求情况；定期向省民政厅及社会公开捐赠衣物回收利用情况。举行形式多样的慈善倡导活动，传播慈善理念，促进公众参与和社会关注。

初级回收多为企业在生产过程中所产生的各种废边角料，往往与新料混合直接回收。分类困难或者成分较为复杂的废旧纺织品，往往进行能量回收处理，利用其燃烧所产生的热能进行发电。物理回收是通过物理加工过程变成新用途的物品，例如拖把、抹布、绳子、隔声板、保温毡等用于工业或者农业生产材料。

典型案例

废旧织物变身保暖膜

长沙县安沙镇90后女大学生于革创业办起了长沙首个废旧衣服回收中心，将废旧衣物整理后制成农业大棚保暖膜，在旧衣服中淘金。一次偶然的机会让她了解到"大棚保温棉被"这种保暖膜，从那之后她便与环保产业有了不解之缘。她在长沙县安沙镇107国道旁租了间百余平方米的仓库，建成了废旧衣物回收中心。自建成以来，回收中心已累计回收废旧衣物350余吨，累计堆放空间超过1600平方米，相当于填满三层楼。

化学回收过程较为复杂，工艺技术要求较高。废旧织物通过加工可制成再生纤维，用于衣服的生产材料，焕发新生。

废旧纺织品直接用于填埋或焚烧会造成资源浪费，其回收蕴藏了巨大的经济价值与资源价值，如果可以充分回收，不仅可以产生较好的经济效益，还能减少填埋或焚烧废旧衣物引发的水质、土壤、空气等环境问题。废旧纺织品回收前景被各国企业看好，纷纷投入其中。如美国造纸企业收集废旧纺织品中的棉纤维应用于纸币制造；日本公司与大阪大学合作，开发了将废旧棉纤维转化为乙醇的核心技术；澳大利亚将废旧纺织品处理压缩成实心板，用于地板和墙壁。

9.5.2 废旧纺织品的可持续循环

在废旧纺织品回收的发展中，越来越多的企业和个人开始关注废旧纺织品如何可持续循环。废旧纺织品的命运不仅仅是以废品的身份回收、拆解或燃烧，还可以通过设计师之手成为时尚潮品、环保工艺品、日用品等，又或者成为孩子们手工制作的重要材料。

以废旧衣物回收为例，最早城市中的废品回收站会兼顾回收旧衣。伴随着居民生活水平的不断提高，服装的购买力也大大提高，家中闲置的旧衣物也越来越多。一些慈善机构关注到了这一情况，开始组织旧衣物的捐赠慈善活动。随后，政府以购买社会服务的形式资助公益组织开展旧衣回收工作。此时，一批民营企业开始在社区中投放旧衣回收箱。在互联网浪潮的推动下，科技企业参与其中，建立"线上下单、线下回收"的新旧衣回收方式。

2015年我国纺织行业开展了"旧衣零抛弃"行动，一方面唤起公众旧衣协同处理的责任感，另一方面通过建立系统的回收体系、发展加工行业、激活产品再生市场等方式，解决回收渠道、舆论导向、社会回馈机制等难题，挖掘旧衣资源剩余价值。

2020年上海某体育用品卖场设置了蓝色的"旧衣零抛弃"纸箱。市民送来的衣物将按照羽绒类纺织品与非羽绒类纺织品进行分类。因为现在旧衣回收产业链中无法处理所有的衣物面料，该分类主要根据处理端的情况而制订，以便更好地进行回收再用。

典型案例

创办"再造衣银行"，把"旧衣垃圾"改造成新潮时尚

对大多数人来说都是"衣不如新、人不如故"，而"80后"服装设计师张娜却对被视为垃圾的旧衣情有独钟，还把它做成了时尚再次惊艳世人，并已坚持了近十年。

作为设计师，张娜深切体会到：今天的爆款明天就会过时，或被压在箱底或被丢弃，而有些上等面料的衣服甚至被剪成碎条做成墩布，实在是可惜。她希望能找到一种方式，让旧衣获得新生。

于是，张娜创办了一个"再造衣银行"，把旧衣打散，再做成完全不一样的"新衣"，没想到却因此在时尚界名声大噪。不少明星纷纷穿着张娜设计的"再造衣"为杂志拍摄大片，这些"再造衣"还成为奥地利时装周的主角，被誉为"兼具时装性和艺术性"。张娜为"饿了么"骑手设计的"蓝骑士"工服，不仅全部采用可降解环保面料，防风防水性能超强，还有多达7种的穿着方式，可根据工作环境自由切换，实用环保又帅气。

事实上，"再造衣"除了环保与创意，有时候更是一种情感的延续。一位女儿请张娜用已过世母亲的多件旧衣改造成了一件大衣，袖口是用她妈妈的一件毛衣做的，和女儿的肌肤贴在一起；妈妈衬衣上的绣花被缝在了袖子上，一抬手就能看见；旧衣服的标签已非常久远，张娜将它们都缝在大衣内侧，那是妈妈生活的时代的印记。这位女儿用旧衣改造，留住了母亲曾带给她的温暖。

典型案例

让废旧牛仔布料成为环保工艺品和日用品

在废旧牛仔布料回收方面，广州章镇做了不少尝试。通过回收不同的牛仔布料，清洗消毒后去拼接成家居沙发、地毯、花瓶和贴画等产品。这些牛仔布料从源头开始就是环保的，是用一些废旧塑料瓶、塑料制品和工业废弃料把它们做成再生纤维，然后用再生纤维做成牛仔布。环保牛仔与艺术品结合让章镇成为牛仔行业中比较独特的存在，玩偶、花艺、布贴画等工艺品和包包、笔盒、抱枕等日用品都很受欢迎。

此外，章镇文化还经常开设DIY体验课、手工研学、布艺研学等，让普通人和孩子们参与制作环保公仔、刺绣的过程。他们还和妇联合作，帮助培训单亲妈妈掌握一项手工技能。

纺织业目前已成为仅次于石油行业的全球第二大污染行业，全球耗水量第二，每年所产生的废水量占全球废水量的20%左右，并产生了10%的全球碳排放量，超过了航空和海上运输的总和。当我们再购买新的纺织品时，是否可以犹豫一下，问问自己是否真的有需求？当我们准备扔掉一件旧衣时，是否也考虑一下，能否再使用一段时间？

9.6　不可忽视的公众参与

公众是社会重要的组成部分。一方面，公众参与"无废"城市建设，不仅是维护或实现自身利益，而且也是一种社会责任。另一方面，"无废"城市建设中需要充分考虑公众意见，增强公众的"无废"意识，获得公众的认可并接受公众的监督。因此，公众参与的力量不容小觑。

例如，意大利中北部近海的小镇卡潘诺里就展现了公众参与的力量，成为欧洲城市固体废弃物循环再生率最高的小镇之一。19世纪60年代，欧洲还主要通过焚烧来解决垃圾问题的时候，卡潘诺里小镇被选做意大利的焚烧厂厂址。在"零废弃"领域的专家保罗·康耐特教授的帮助下，小学老师罗萨诺·埃尔克里尼开始在小镇宣传"零废弃"的意义，成功地让卡潘诺里重新定义了垃圾的处理方式，开创了"门到门"的垃圾回收计划。通过主动咨询当地居民意见，并收集公开会议上提出的意见和想法，卡潘诺里把当地居民充分纳入"零废弃"协议中去。

开展过程中，他们对志愿者进行培训，志愿者们将免费的垃圾分类工具、垃圾桶、分类资料发放到居民家中，并回答他们垃圾回收相关的问题，大大提高了垃圾分类的效率；他们还对废弃物进行非常细的分类编号，每种废弃物都对应不同的处理方式，通过"门对门"的垃圾回收，将不同类型废弃物运往不同的工厂进行处置。其中，最成功的有机垃圾处理方式是堆肥处理，不仅在食堂设置堆肥装置，还鼓励家庭堆肥，通过回收堆肥过程中产生的沼气，实现了废弃物的回收和能源的再利用。

2010年整个地区82%的城市生活垃圾被分拣出来成了再生资源，只有18%送到垃圾填埋场。后续推出的"污染者付费"收费制度，使分类回收率升至90%。在卡潘诺里居民的积极参与下，整个城市的废弃物回收取得了显著的成果，见图9-31。

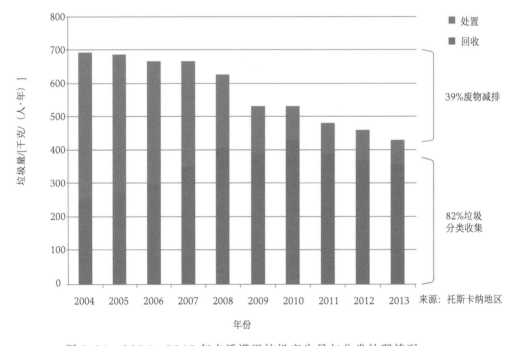

图 9-31　2004—2013 年卡潘诺里垃圾产生量与分类处理情况

9.6.1　增加公众参与途径

"无废"理念的落实需要公众的积极参与。以垃圾分类为例，如果未充分考虑公众参与，在垃圾分拣过程中往往需要花费更多的人力与物力进行二次分拣；而未充分动员公众参与的情况下，参与垃圾分类的居民积极性也不高。在充分宣传下，即便没有分类垃圾桶，垃圾也可以顺利进入到处理环节。北京昌平区兴寿镇通过"垃圾不落地"方式，开展上门回收，保洁员与志愿者进行有针对性的劝导，一方面加强了村民的责任意识，另一方面使垃圾分类宣传工作更为精准。注入公众力量后，混合垃圾减量30%以上，厨余垃圾分出率达到40%，并通过堆肥和酵素制作，逐渐减少化肥、农药的使用，带动当地农村向生态文明深度转型。

典型案例

日本北九州市以公民参与为中心的治理机制

日本北九州市是联合国表彰的环境治理典型城市，创造了"北九州模板"。日本北九州市形成了环境局指导、北九州市环保公司的规范处理、废弃物管理网络化共治、公民积极参与的官、产、学、民合作机制。以公民参与为中心的治理机制，搭建废弃物管理的网络化共治体制，官、产、学、民共同参与。公众已经成为日本"三元"（政府、企业、公众）环境管理结构中的一员，作为最广泛、最有力的一股社会力量发挥着巨大的作用。

公众参与可以通过社区组织说明会、民意调查、记者会、意见征集等形式表达相关的意见与建议。如社区组织说明会可以及时将信息传达给社区居民，探寻是否存在争议并当场收到意见回馈。重庆在"无废城市"建设中，构建全民行动体系（图9-32），通过电视、广播、报纸、网络等平台开展新闻发布、现场访谈、公益讲座等方式，传播"无废"建设理念，通过听取市民意见与反馈，营造全社会共同参与的氛围。

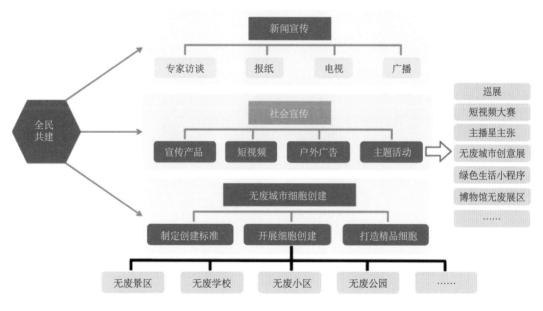

图 9-32　重庆公众参与构建"无废"全民共建体系

典型案例

活跃城市治理"因子"，凝聚垃圾分类公众力量

社会公众是城市治理的活力"因子"，江苏省南京市雨花台区通过升级"公众委员进社区"品牌和打造"西柿路公众参与生态街"，全方位拓展公众参与城市治理新渠道，构建了公众委员、商家店主、文明志愿者"多元共建"的社会基层治理格局。

2020年6月，11位经过专业垃圾分类培训的区、街两级公众委员快速"上岗"，通过入户宣传、电话联系等多种方式与商户进行对接，在答疑解惑的同时，收集商家和市民关心的问题和遇到的困难。

公众委员在基层社会治理中发挥"纽带"作用，积极扮演"工作监督员""知识宣传员"和"反馈联络员"等角色，为绿色生态街区建设贡献了重要力量。

公众委员"驻街"、商家店铺"自查"、居民志愿者"教学"，街道、社区、商户、居民等多元主体良性互动，共融共建，公众参与生态街区建设模式激活了商居治理"一盘棋"。

9.6.2　提升公众参与意识

公众如同城市发展的眼睛，最先感知到身边环境的变化，并对美好环境的建立不懈追求。相信任何一个人，都希望在一个优美的环境中生活与学习，也非常关心身边的环境问题。公众的意愿与行动，真实地反映了城市环境保护的社会需求。以消费为例，城市中公众的消费观念与消费方式直接决定了生产领域中原材料的选用、产品的设计与制造、废弃物的处置等多方面。公众的环境意识，是环境保护推进中的重要因素，也是政府营造良好环保社会氛围和坚实社会基础所着力提升的重要工作。因此，提升公众的环境意识，促进公众积极参与和践行"无废"的理念与发展原则，已成为"无废城市"发展的重要力量。

"无废城市"需要我们每一个人的积极参与，看看"无废"达人做了哪些事情？见图9-33。

□ 绿色消费，避免一次性用品	□ 低碳出行，优先选择公共交通
□ 减少垃圾量，选用大包装产品	□ 共享交通工具巧选择
□ 垃圾分类投放且投放准确	□ 选购"无废"座驾
□ 闲置物品来巧用	□ 探秘"无废"机场
□ 闲置物品大交换	□ 遵守"无废"旅游秩序
□ 快递包装促回收	□ 入住"无废"酒店
□ 点餐不浪费，光盘我光荣	□ 游览"无废"景区
□ 减少污染，少用化学洗涤剂	□ 积极参加"无废"宣传活动
□ 爱护山水林田湖草生态系统	□ 监督城市"有废"
□ 积极参加环境清扫等活动	□ 成为"无废城市"志愿者

图 9-33　"无废"达人的 20 件事

知识链接

公民生态环境行为规范（试行）

第一条　关注生态环境。 关注环境质量、自然生态和能源资源状况，了解政府和企业发布的生态环境信息，学习生态环境科学、法律法规和政策、环境健康风险防范等方面知识，树立良好的生态价值观，提升自身生态环境保护意识和生态文明素养。

第二条　节约能源资源。 合理设定空调温度，夏季不低于26℃，冬季不高于20℃，及时关闭电器电源，多走楼梯少乘电梯，人走关灯，一水多用，节约用纸，按需点餐不浪费。

第三条　践行绿色消费。 优先选择绿色产品，尽量购买耐用品，少购买使用一次性用品和过度包装商品，不跟风购买更新换代快的电子产品，外出自带购物袋、水杯等，闲置物品改造利用或交流捐赠。

第四条　选择低碳出行。 优先步行、骑行或公共交通出行，多使用共享交通工具，家庭用车优先选择新能源汽车或节能型汽车。

第五条　分类投放垃圾。 学习并掌握垃圾分类和回收利用知识，按标志单独投放有害垃圾，分类投放其他生活垃圾，不乱扔、乱放。

第六条　减少污染产生。 不焚烧垃圾、秸秆，少烧散煤，少燃放烟花爆竹，抵制露天烧烤，减少油烟排放，少用化学洗涤剂，少用化肥农药，避免噪声扰民。

第七条　呵护自然生态。 爱护山水林田湖草生态系统，积极参与义务植树，保护野生动植物，不破坏野生动植物栖息地，不随意进入自然保护区，不购买、不使用珍稀野生动植物制品，拒食珍稀野生动植物。

第八条　参加环保实践。 积极传播生态环境保护和生态文明理念，参加各类环保志愿服务活动，主动为生态环境保护工作提出建议。

第九条　参与监督举报。 遵守生态环境法律法规，履行生态环境保护义务，积极参与和监督生态环境保护工作，劝阻、制止或通过"12369"平台举报破坏生态环境及影响公众健康的行为。

第十条　共建美丽中国。 坚持简约适度、绿色低碳的生活与工作方式，自觉做生态环境保护的倡导者、行动者、示范者，共建天蓝、地绿、水清的美好家园。

9.7　"零废"的全球实施

"零废"是通过负责任的生产、消费、再利用和回收所有产品、包装和材料，而不是通过燃烧向土地、水或空气排放对环境或人类健康构成威胁的物质来保护所有资源。"零废"还有一些名字相近的"兄弟"，如"零废弃"通常重点关注生产生活中的废弃物；"零废物"常常从城市垃圾管理与减量的角度探讨垃圾的分类与回收；"零浪费"号召尽量减少工业产品的边角料，设计领域使用较多。虽然它们在使用时各有不同，但是它们共同号召减少污染物的排放，倡导循环使用，引导人们建立环保的生活方式，促进城市可持续发展，见图9-34。

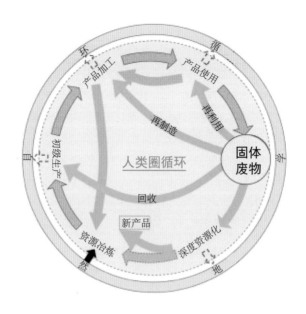

图 9-34 固体废弃物的物质流

"零废"在生产与生活中遵循的原则是在源头预防产生或尽可能减少产生废弃物；使用中增加重复利用的次数，直至再无法直接利用；不能直接利用的废弃物改变原有模样，进行再生利用；以上方式都无法利用后，进入焚烧发电等能源化利用；最终都无法使用的情况下进行填埋处理。以咖啡种植为例，通常情况下咖啡种植农仅利用了咖啡树的3.7%左右。如果可以按照图9-35所示，更加充分地利用咖啡树等资源，可以使原来的"废弃物"变得更有价值。

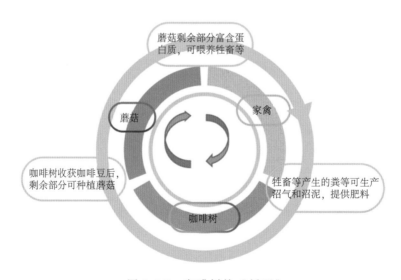

图 9-35 咖啡树的"循环"

9.7.1 "零废"的国际实施

随着地球有限资源的消耗与废弃物数量攀升之间的矛盾日益尖锐，全球各个国家都积极加入到"零废"的行动中，提出"零废"战略，设立"零废"目标，开展"零废"项目。例如，新西兰在2002年就在国家"垃圾战略"中提出将"零填埋"作为国家垃圾管理目标，并成立了"零填埋委员会"负责执行和管理；苏格兰政府2009年通过了"零废弃计划"，提到2025年所有废弃物资源利用、堆肥、维修后再使用率达70%，废弃物填埋量低于5%的目标；美国圣弗朗西斯科市2009年提出"零废弃"战略，最终实现"零填埋"；希腊、意大利、斯洛文尼亚、西班牙、法国五国2009年开始实施"零废弃项目"，以建立一体化的零废弃管理体系，通过垃圾减量、再使用和资源利用实现"零填埋"。为此，2020年零废物国际联盟向全球发出了"零废"宣言，号召一起参与"零废"行动。

知识链接

"零废"宣言
(零废物国际联盟)

第一个地球日已经过去50多年。回收利用是其天然的工业产物，其设想是完成资源循环、拯救荒野、创造就业机会，并同时建立国民生产总值（GNP）的后端。

我们相信，地球召唤我们每个人迅速迈向"零废"。

这个"零废"世界将建立在环境和社会正义原则的基础上，这些原则有助于创造与自然和谐相处的充满活力的社区：

中心公平：我们声援并支持一线社区以及黑人、原住民和有色人种的努力。我们设想一个公正和包容的制度，从而实现可持续和可再生的未来，同时倡导确保人类安全，公平获得资源和机会以及消除对生态系统健康产生负面影响的毒素和污染的政策和做法。

重新设计：我们坚持要求制造商最大限度地减少和消除危害，并重新设计产品以获得最高的材料和能源效率，将服务和产品集中在体现耐用性、可修复性、再利用性，回收或堆肥作为最终选择。

禁止浪费性产品：我们将禁止那些被证明是设计浪费的产品、污染回收或堆肥计划、在环境中有问题的产品。

让生产商对问题产品负责：我们坚持要求公司在产品的整个生命周期（从资源开采到最终处置）中最大限度地减少和消除其产品对环境和人类健康造成的危害。此外，生产者应对其产品影响的补救措施承担财务责任，包括医疗保健成本、废弃物管理和环境清理。

在源头分离：重新设计后，我们将收集所有在源头分离的废弃材料和产品，并进一步将它们分类成更高质量的部分，用于再利用、回收或堆肥，没有遗漏任何东西，也没有留下任何东西。

拯救食物和堆肥有机物：我们将建立和支持拯救人类和动物食物的项目，并回收有机材料以制造和使用堆肥和覆盖物，以减少和隔离温室气体。

支持和扩展维修和再利用：我们将支持现有的再利用、维修组织和基础设施，并通过宣传教育，推广和投资，扩大再利用和维修的机会。

建设零废物基础设施：我们将投资零废物基础设施，包括资源回收园区，安全地回收可用物品和零件，并将所有废弃物作为精炼资源处理。

杜绝浪费：取消资源开采补贴，支持回收材料优先生产。

根据需要进行倡导和调整：利用作为倡导者和专业人士的力量来展示什么是可能的，并帮助政策制定者在实现我们帮助他们设想的目标时避免错误。应对流行病、自然灾害和与天气有关的紧急情况等新挑战不应造成障碍，以迈向一个充满活力、有弹性、零废物社区的公正世界，与自然和谐相处。

为了实现永续地球的全球文化，我们携手同行！

以2019年《无废波士顿》战略计划为例，这项计划梳理了当时波士顿居民区和商业区的垃圾回收现状，并整体估算了垃圾的处理利用能力，发现波士顿的垃圾再利用效率仅占25%，若是提升废弃物回收再利用能力，将会大大减轻垃圾处理的压力。

这项计划主要从四个方面努力打造"无废"城市：减量和重复、推广堆肥、多途径循环再生以及激发创新，共提出了30项具体可实施的策略。

①减量和重复。波士顿尝试通过开展全市公共教育，提升民众垃圾减量的意识并为民众提供针对垃圾减量的拓展服务和技术支持，减少难以循环再生的产品和包装，分流可重复使用的产品。为此，波士顿政府用多种语言的公益广告对垃圾的减量进行宣传，为了表彰贡献突出的个人或机构，还专门设立了零废杰出贡献市长奖。

②推广堆肥。填埋、焚烧、热解是常用的城市垃圾处理方法，这种方法虽然垃圾处理效率高，但是对环境造成的危害也比较大。波士顿大力推广社区堆肥，不仅能减少对环境的危害，更能有效地实现废弃物资源化，加速物质的循环。波士顿通过拓展居民庭院垃圾处理渠道，开设居民厨余垃圾处理试点，扩大商业堆肥业务，增加堆肥处理能力，探索住宅堆肥项目规模化，进一步扩大商业堆肥业务，使资源进一步循环再生。

③多途径循环再生。通过制作各类操作指南，统一垃圾分类标识（图9-36）、网站和小程序，向居民、企业、游客普及正确的循环再生知识；要求居民和企业通过各种手段减少垃圾产生，扩展并强制执行州和本地垃圾减量和循环再生的相关要求，通过垃圾收集系统强化减量化目标；针对运输公司及其客户制订了关于垃圾收集、上报的要求；公共设施领域要率先做好示范，设定减量目标，设置可回收垃圾桶和可堆肥垃圾桶；在建设项目中实施建筑拆解、回收利用、源头分类等方式促进循环再生；通过展示不可回收垃圾对经济造成的影响，提升市政垃圾处理成本透明度；建设可回收垃圾和"难回收"垃圾收集中心等基础设施；在大型活动中，要求大型场馆的管理者和组织者制订"零废"对策。长期探索建立更加公平的垃圾收集系统，避免对低收入人群带来经济负担。

可回收物品

披萨盒
取出食物、三脚架
（披萨凳）和衬板

铝和锡罐
包括薯片和咖啡罐

纸类
白纸和彩纸

硬纸板
纸袋、蛋品包装盒、
谷物盒等

玻璃
罐子和瓶子

塑料
所有容器（塑料袋除外）
包括食物、苏打水、
水瓶和罐子等

纸板
扁平纸板箱（不大于
3英尺×3英尺：
必须捆绑好）

书
平装书

出版物
报纸、杂志
和商品目录

不可回收物品

医疗废物
注射器、药等

一次性用品
泡沫塑料、餐巾纸、
擦手纸、纸巾、吸管、咖啡包等

容器
盛装化学品和
机油

电子产品
包括充电
电池和灯泡

塑料购物袋
塑料杂货袋和垃圾袋
（您可以将干净的塑料袋退还给
进行回收的零售商）

塑料包裹膜
包括气泡膜、
薄膜和防水布

衣物
包括鞋子和毛绒玩具

饮料和食物盒
果汁、牛奶和冷冻食品盒
（正确清洗后的果汁和牛奶塑料
容器可以回收）

管线绳
不是晾衣绳、软管、
延长线或电线、或链条

陶瓷
壶、锅和杯子

厨余垃圾

图 9-36 波士顿"零废"计划垃圾分类标识

④激发创新。波士顿更新了已有垃圾减量相关条例和指导原则，推广城市自产的堆肥作为土壤改良剂，以此扩大城市环境优先型采购实践；根据每年市政收集的垃圾转移、减量及其他数据，设定零废弃物减废目标和指标；针对不可重复利用、不可回收、不可制成堆肥的产品，倡导重新设计和产品回收；制订运营零废系统职业培训计划，以支持绿色工作；制订零废经济发展战略。长期资助与垃圾减量、再利用、修复、堆肥、回收相关的新思路和方法；支持零废研究并发展联系网；不断探索城市垃圾和循环基础设施的可行性。

通过这项战略的实施，预估波士顿每年的垃圾回收率可以提高55%，有效地促使波士顿城市及其居民、企业和机构实现健康、可持续发展。

9.7.2 "零废"的中国行动

为倡导更为绿色的发展与生活方式，我国提出了"无废理念"，并积极探索"无废"城市发展。2009年底，北京市发布了生活垃圾"零废弃"试点管理办法，对于试点单位制定了细化标准。例如，蟹岛度假村在循环经济3R原则上形成内部物质循环利用模式，2009年实现83.6%垃圾资源化利用，其中一半被加以回收利用，另一半垃圾被制作成有机肥料。

谈谈《北京市生活垃圾"零废弃"试点管理办法》

《北京市生活垃圾"零废弃"试点管理办法》已于 2009 年 12 月 8 日起试行。该办法对党政机关、学校、宾馆饭店、商场、公园、农贸市场、度假村和居民小区 8 类试点单位制定了细化标准。其中包括：党政机关要进行"绿色采购"，鼓励采购有循环利用标志、节能标识以及简易包装和大包装商品，办公用纸 100% 双面打印；学校要开展"绿色用餐"，教职工和学生饭餐按需提供，并设置节约用餐提示标识；商场餐饮区不提供一次性的餐盒、筷子、杯子等用品；宾馆和度假村不提供一次性餐具、杯子、牙具、洗漱等用品；在居民小区开展"以物换物"等废旧物品再利用活动。此外，推进垃圾资源化处理方面，在餐饮街、高校集中区和度假村等餐厨垃圾产生集中的地区，建设餐厨垃圾资源化处理站。

上海在 2010 年提出"人均生活垃圾处理量以 2010 年为基数每年减少 5%"的硬性指标。在"大分流、小分类"的模式下开展生活垃圾分流处理工作并逐渐在投放、运输与处理环节实现全过程分类。

2013 年深圳市第一届零废弃体验季，在推动民众积极参与的同时也出台了垃圾分类规范化的工作文件，例如《深圳市住宅小区垃圾减量分类启动补贴和减量补贴管理暂行办法》《深圳市住宅小区垃圾减量分类实操指引》《深圳市机关事业单位减量分类实操指引》等，并于 2020 年 9 月颁布了《深圳市生活垃圾分类管理条例》，通过细化管理加强"零废"进程。

天津也积极推动"无废城市"建设工作，使固体废弃物产生强度稳步下降，加强固体废弃物循环利用体系建设，打造多种类减污降碳协同样本，形成天津"无废"特色。其中，中新天津生态城在 150 平方千米，10 万多人口范围内探索生态新城建设并形成生态城"无废城市"建设特点的指标体系。生态城"无废城市"建设指标体系由一级指标、二级指标和三级指标组成，其中一级指标 5 个、二级指标 8 个、三级指标 23 个。中新天津生态城"无废城市"建设试点报告显示指标体系 2020 年的目标值中包括绿色建筑所占比例、生活垃圾分类收运系统覆盖率、餐厨垃圾资源化利用、医疗废物收集处置系统覆盖率等在内的 21 个三级指标均已完成。

"零废"的行动中，国家是积极的引导者，企业是生产责任的承担者，消费者是最终产品的购买者与践行者。"无废"城市建设中，各种"无废"系统开启了处理、加工、存储等工作，使我们工作与生活中的废弃物焕发新生。每一位居民在享受城市所带来的便利与快捷的同时，也潜移默化地影响着城市的发展与运转。

"无废"城市离不开每个人的努力！

参考文献

［1］ CCTV-2财经频道.无处安放的城市垃圾.2019-07-17. https://tv.cctv.com/2019/07/17/VIDE1nYJWZi0F2B4bCVqMm0P190717.shtml?spm=C22284.P6OnL3OV4Xww.E54cFPC2MK9C.168.

［2］ 刘国伟."无废城市"理念溯源 邻避效应逼出"零废弃"小镇.环境与生活，2019，（6）：12-23.

［3］ 李金惠."无废城市"建设的国际经验分析.区域经济评论，2019，（3）：90-93.

［4］ World Bank Group. What a Waste 2.0 A Global Snapshot of Solid Waste Management to 2050. Washington:2018.

［5］ World Bank Group. More Growth, Less Garbage. Washington:2021.

［6］ SZDB/Z 233—2017.生活垃圾处理设施运营规范.

［7］ 胡小亿.建设无废城市 实现美丽中国. 2020-12-13.https://www.sohu.com/a/437954974_120960193.

［8］ 低碳生活从我做起黑板报.2013-03-11. https://bb.chazidian.com/zhuantiheibanbao/27751/.

［9］ 李改灵，王敏，刘宁.基于儿童玩具的绿色设计体系与技术研究.科技创新导报，2013，（17）：25-26.

［10］ 王雅楠.浅谈动漫行业衍生玩具产品的回收与租赁.科技资讯，2012，（30）：216.

［11］ 黄子婧.玩企环保八大举措.中外玩具制造，2018，（9）：22-24.

［12］ 何明夏.因"材"施教——绿色设计观念下的儿童玩具材料应用趋势.现代装饰：理论，2014，（4）：10.

［13］ 华意明天时尚内容中心.从理念到模式可持续时尚的未来图景正愈发清晰.2022-01-05.https://fashion.sina.com.cn/s/fo/2022-01-05/0728/doc-ikyakumx8196215.shtml.

［14］ 教你用塑料瓶制作精美的首饰.2018-04-28.http://www.fsdpp.cn/diy/15249097586348.html.

［15］ 杨晓宇，刘雅文.废塑料回收利用黄金时代来了.中国石油和化工，2021，（11）：14-19.

［16］ 李静敏.废旧衣物回收利用——从"老北京娃娃"说起.城市管理与科技，2015，（5）：45-47.

［17］ 格悟：再生意识｜2021时尚零售行业十大趋势深度解读（一）.2021-01-07.https://new.qq.com/omn/20210107/20210107A03KPZ00.html.

［18］ 王琳黎.公园城市"落叶工厂"：枯枝落叶变肥料变燃料.成都日报，2021-06-27.

［19］ 高月霞.基于可持续设计理念的时尚包袋设计研究.北京：北京服装学院，2019.

［20］ 许阳阳.基于快时尚品牌探索可持续性的服装设计.北京：北京服装学院，2019.

［21］ 孙成仁，郑声轩.可持续设计：从概念到实施.新建筑，2002，（1）：51-54.

［22］ 胡月.可持续设计发展文献综述.科技与创新，2016，（10）：25.

［23］ yalta.环保面料与华丽着装并不矛盾.2021-10-08.https://fashion.sina.com.cn/2021-10-08/1424/doc-iktzqtyu0224054.shtml.

［24］ 刘又绿.可持续时装的觉悟. 2014-09-03.http://fashion.sina.com.cn/zl/fashion/2014-09-03/13561984.shtml.

［25］ 刘安.慢时尚：未来纺织服装行业的可持续设计之路.艺术科技，2019，（11）：46.

［26］ 贺哲馨.时尚品牌为什么都开始种蘑菇？.微信公众号"消费新探"（ID: chaomoods）原创.36氪经授权发布，2021-07-27.https://www.36kr.com/p/1327571306043399.

［27］ 杨霄，河文植，马克.时尚服装营销活动中的可持续性设计研究.当代经济，2016，（2）：104-105.

［28］ 施懿宸，杨希，包婕.时尚可持续发展与碳中和目标.2021-04-21. https://finance.sina.com.cn/zl/china/2021-04-21/zl-ikmyaawc0929521.shtml.

[29] 吴丹.时尚业的可持续发展并不是新话题,中国品牌也有最佳案例. 2018-12-17.https://www.yicai.com/news/100081206.html.

[30] Liz Gioro.势在必行的"可持续性"时尚,到底是什么?. 2019-03-03. https://www.sohu.com/a/298829480_562485.

[31] 食品饮料行业微刊.「塑」造新生,与蓝同行,百事公司引领可持续发展新潮流.2021-09-28.https://www.sohu.com/a/492591552_679193.

[32] 刘潇.循环利用聚酯纤维再生资源.染整技术,2018,40(4):7-9.

[33] 戴萌.城市再生资源的艺术设计研究.包装工程,2015,36(6):21-24.

[34] 王威.旧物改造——创意与环保的融合.生态经济,2011,(9):196-199.

[35] 谢慧.绿色设计理念在旧物改造中的应用探讨.西部皮革,2019,(9):87-88.

[36] 屋颜社.外国人真有闲,这家人用二手材料DIY改造住宅,说实话真好看. 2020-07-01. https://baijiahao.baidu.com/s?id=1671014981212235335&wfr=spider&for=pc.

[37] 中钨在线.一部智能手机含有多少钨?.2019-03-18.https://www.sohu.com/a/302093654_100176237.

[38] 刘莲.浅析几种常见的再生纤维素纤维鉴别方法.中国纤检,2012,(19):52-54.

[39] 一针一线的异想世界. 33岁家庭主妇爆改旧衣服,女儿抢着穿,ins10万粉丝狂点赞. 2017-07-07.https://zhuanlan.zhihu.com/p/27751556.

[40] 蒋高明.反季节蔬菜之反思. 2008-05-25.https://blog.sciencenet.cn/blog-475-26566.html.

[41] 520·可持续消费 | 绿色消费,守护自然.2021-03-24. https://new.qq.com/omn/20210324/20210324A0F2YO00.html.

[42] 爱迪收.你随意丢弃的旧衣服,会对环境有何影响?.2021-08-29.https://www.sohu.com/a/486459294_121202485.

[43] 陈迎,巢清尘.碳达峰、碳中和100问.北京:人民日报出版社,2021.

[44] 飞蚂蚁旧衣服回收.为什么外国人爱买二手衣物?是穷还是特殊癖好?. 2022-03-23.https://zhuanlan.zhihu.com/p/82294771.

[45] 余元.90后武汉女孩开了"中国第一家零浪费无包装商店".2018-05-21.https://m.haiwainet.cn/middle/3542411/2018/0521/content_31320136_1.html.

[46] 刘成凯.城市生态景观中的海绵城市设计研究——以陈家镇国际实验生态社区为例.安徽:安徽大学,2016.

[47] 刘文晓.基于海绵城市理念下的绿色居住区景观设计研究——以桃源金融小区为例.四川:西南交通大学,2017.

[48] 伍静.基于海绵城市视域下居住社区雨水花园生态设计手法研究——以成都香颂湖国际社区为例.城市建筑,2019,16(3):100-101.

[49] 荣梓任,王有熙."海绵城市"在园区、社区建设上的应用分析.建筑节能,2018,46(3):74-77.

[50] 于丽爽.厨余垃圾就地利用,种出一片屋顶花园,让居民越来越"阳光".北京晚报,2020-05-07.

[51] 胡春明.就地处理"消化"厨余垃圾的便捷之路.中国建设报,2020-08-07.

[52] 社区堆肥公共空间——多元参与,协同共治的社区实践基地. 2021-10-25.https://www.aisoutu.com/a/828222.

[53] 俞孔坚,李迪华,袁弘,傅微,乔青,王思思."海绵城市"理论与实践.城市规划,2015,(6):26-36.

[54] 弓亚栋.建设海绵城市的研究与实践探索——以西安市某小区为例.西安:长安大学,2015.

[55] 邓兴荣."海绵城市"的设计学思考——长沙海绵小区建设研究.湖南:湖南师范大学,2017.

[56] 杨阳,林广思.海绵城市概念与思想.南方建筑,2015,(3):59-64.

[57] 海绵城市建设六大要素.2017-03-03. http://www.hbyqfs.com/newsshow-259-633.html.

[58] 匡文慧,李孝永.基于土地利用的海绵城市建设适应度评价.北京:科学出版社,2020.

[59] 耿旭静，董业衡.广州首个"无废工地"南沙启动，建筑垃圾将变身再生建材用于"海绵城市".2021-09-03. https://new.qq.com/rain/a/20210903A0DDIL00.

[60] 孔繁杰，汤巧香.浅析构建海绵社区的意义.住宅科技，2016，（3）：10-13.

[61] 山川.国家所倡导的"海绵城市"建设的主角：透水砖.2020-09-27. https://news.cnpowder.com.cn/57266.html.

[62] 尹文超，卢兴超，刘永旺.老旧建筑小区海绵化改造技术及实施案例.北京：化学工业出版社，2020.

[63] 深圳可持续发展研究院.海绵社区：住在一个会"喝水"的社区.2021-08-16. https://www.sohu.com/a/483635880_121196929.

[64] 骏业建筑.小区海绵城市设计怎么做？.2018-01-16. https://www.sohu.com/a/217007321_480329.

[65] 海绵城市以"弹性"应对环境变化和自然灾害.2017-06-19. https://www.sohu.com/a/150248441_749128.

[66] 张庆费，辛雅芬.城市枯枝落叶的生态功能与利用.上海建设科技，2005（2）：40-41.

[67] 薄业华.枯枝落叶的生态资源利用.农村经济与科技，2021，32（16）：11-13.

[68] bidding通.城市绿化的作用和功能都有哪些呢？.2019-07-18. https://www.sohu.com/a/327689078_120035296.

[69] 朱家瑾.居住区规划设计.第2版.北京：中国建筑工业出版社，2007.

[70] 张炯强.用蚯蚓塔变"粪"为宝上应大学生为处理宠物粪便出招.2022-01-07. https://baijiahao.baidu.com/s?id=1721256410741278159&wfr=spider&for=pc.

[71] 社区生态园环保新阵地.2019-11-18. https://www.sohu.com/a/354523887_99958237.

[72] 顾亚兰.探讨新形势下园林绿化植物废弃物处置与资源化利用途径.现代园艺，2021，44（3）：124-126.

[73] 详谈我国园林绿化废弃物资源化利用.2016-06-02. https://huanbao.bjx.com.cn/news/20160602/738955-5.shtml.

[74] 沈又幸.绿色多元节约高效循环无废智慧互动——未来社区低碳场景.浙江经济，2019，（A01）：38-39.

[75] 李玉爽，靳晓勤，霍慧敏，等."无废城市"建设进展及"十四五"时期发展建议.环境保护，2021，49（15）：42-47.

[76] 刘晓龙，姜玲玲，葛琴，等."无废社会"构建研究.中国工程科学，2019，21（5）：144-150.

[77] 李玉爽，李金惠.国际"无废"经验及对我国"无废城市"建设的启示.环境保护，2021，49（6）：67-73.

[78] 骏业建科.什么是绿色建筑？绿色建筑指的什么？.2019-03-18. https://zhuanlan.zhihu.com/p/59619922.

[79] 绿色和平.维修权——属于你的新权利！.2019-01-25. https://baijiahao.baidu.com/s?id=1623598207291804092&wfr=spider&for=pc.

[80] 张韬远.佛山顺德建设"共享社区"重回"熟人社会".2020-07-22. https://news.ycwb.com/2020-07/22/content_994449.htm.

[81] 人文大兴.【亦起来】"无废生活"垃圾分类扬帆起，闲置旧物环游"集".2020-09-06. https://www.sohu.com/a/416728716_100179827.

[82] 五个方面分析消费文化的构成.2017-06-12. https://wenku.baidu.com/view/c54d1fdd89eb172ded63b787.html.

[83] 中华人民共和国生态环境部.2020年全国大、中城市固体废物污染环境防治年报.2020-12-28. https://www.mee.gov.cn/hjzl/sthjzk/gtfwwrfz.

[84] GB/T 50378—2019.绿色建筑评价标准.

[85] 孙晓晨，王壮飞.冬奥组委入驻首钢园区办公区首次开放展现绿色理念.中国日报，2016-05-13.

[86] 刘丹阳，蔡若愚.绿色办冬奥，中国做到了！.2022-01-20. https://baijiahao.baidu.com/s?id=1722456098883202268&wfr=spider&for=pc.

[87] 澎湃新闻."绿色办奥"史无前例，北京冬奥会是如何实现碳中和的？.2022-02-18.https://baijiahao.
baidu.com/s?id=1725098332102130952&wfr=spider&for=pc.

[88] 沈埃迪，张智栋，刘少瑜，等.绿色办公空间实践经验分享——以城设新办公室为案例[C].第十一届国际绿色建筑与建筑节能大会论文集.城市发展研究，2015，22（增刊1）：1-8.

[89] 贾顺.浅析绿色办公建筑设计——以云南世博生态城绿色办公中心为例.科技与创新，2021，（15）：66-67.

[90] 李宗华.浅谈现代节能、绿色办公建筑与古典园林建筑的结合.建材与装饰，2019，（2）：67-68.

[91] 张改景，王利珍，杨建荣.上海地区绿色办公建筑使用者用能行为特征研究.绿色建筑，2020，12（4）：25-28.

[92] 徐潇潇.智能化在绿色办公空间改造中的应用简析——以卡特彼勒（吴江）工厂改造为例.住宅科技，2019，（12）：62-65.

[93] yangtz008.全球最绿色的办公大楼.2018-04-12.http://www.360doc.com/content/18/0412/18/45163544_745089331.shtml.

[94] 张雪华.社区堆肥丨印度班加罗尔（上）：从垃圾围城到垃圾分类.2020-09-08.https://www.sohu.com/a/417079098_260616.

[95] 张雪华.社区堆肥丨印度班加罗尔（下）：大城市如何就地处理厨余.2020-09-09.https://www.sohu.com/a/417215658_260616.

[96] JT/T 1306—2020.道路客运电子客票系统技术规范.

[97] 王俊.汽车涂装行业清洁生产评价指标体系研究.重庆：重庆大学,2014.

[98] 樊曦、周圆.更环保、更绿色——看中国推动绿色低碳出行.2021-09-25.http://www.news.cn/2021-09/25/c_1127900111.htm.

[99] 胡华龙，罗庆明，温雪峰.日本报废汽车的再生利用法.环境保护与循环经济.2012, 32(08)：11-13.

[100] 中国物资再生协会.中国再生资源行业发展报告2016-2017.北京：中国财富出版社，2017.

[101] 余典范.2019中国产业发展报告.上海：上海人民出版社，2020.

[102] 重庆市生态环境局.2020重庆市危险废物环境管理主要做法及成效.2020-09-13.https://www.mee.gov.cn/home/ztbd/2020/wfcsjssdgz/bczc/gnjy/202009/P020200917389892716724.pdf.

[103] 重庆市"无废城市"建设试点亮点模式.2020-08-25.https://www.mee.gov.cn/home/ztbd/2020/wfcsjssdgz/sdjz/ldms/202008/t20200825_795090.shtml.

[104] GB 22757.1 — 2017.轻型汽车能源消耗量标识 第1部分:汽油和柴油汽车.

[105] 杨天豪.设计师的美学流浪.武汉：华中科技大学出版社，2017.

[106] 邱超奕.这座四型机场，不一般（深度观察）.2021-11-17.http://cpc.people.com.cn/n1/2021/1117/c64387-32284425.html.

[107] 日本机场的绿色机场实践（之二）——东京成田机场.2018-03-21.http://www.caacnews.com.cn/zk/zj/xujunku/201803/t20180321_1243789.html.

[108] 林雨润.香港启德空中花园成为启德发展区新地标，创多项香港第一.2021-07-04.https://baijiahao.baidu.com/s?id=1704356569422022309&wfr=spider&for=pc.

[109] 李睿.基于移动终端的便捷通关系统.中国科技信息，2019，（22）：88-89.

[110] 国家发展和改革委员会综合运输研究所.改革开放与中国交通运输发展.北京：中国市场出版社，2019.

[111] 赵静."鲲鹏出行"：打造绿色出行网约车平台.2021-07-17.http://gz.people.com.cn/n2/2021/0717/c222152-34825166.html.

[112] 酒店环保行动：减塑、减少浪费，崇尚自然.2020-12-07.https://baijiahao.baidu.com/s?id=1685405597012859803&wfr=spider&for=pc.

[113] "无废城市"巡礼（60）丨无废三亚"无废细胞工程"建设：旅游行业绿色转型升级及"无废"理念传播模式.2021-02-16.https://www.mee.gov.cn/home/ztbd/2020/wfcsjssdgz/wfcsxwbd/wfcsmtbd/202102/

t20210216_821420.shtml.

[114] 爱范儿.100％由植物材料制成的运动鞋来了，你会选择这种「环保」鞋吗？.2019-06-17.https://baijiahao.baidu.com/s?id=1636577876006924488&wfr=spider&for=pc.

[115] 新海南."无废"旅游玩出新时尚！绿游海南，走起→.2021-05-19.https://baijiahao.baidu.com/s?id=1700156893925180189&wfr=spider&for=pc.

[116] "无废景区"玩出"无废"新时尚！三亚加快"无废景区"创建.2020-08-27.https://m.thepaper.cn/baijiahao_8900323.

[117] 丁琼，钟清兰.废弃矿山变景区 "浴血瑞京"再现峥嵘岁月.2020-04-20.http://www.gzdw.gov.cn/n289/n435/n8388509/c30257857/content.html.

[118] 胡拥军.三亚启动"无废景区"创建活动.2020-05-27.http://hnsy.wenming.cn/wmlycj/202005/t20200527_6488556.shtml.

[119] 吴兴区生态环境分局.无废景区｜灵粮农场景区.2021-08-25.http://www.wuxing.gov.cn/art/2021/8/25/art_1229210841_59005355.html?ivk_sa=1024320u.

[120] 科技视讯y.平安智慧环保助力客户斩获2021 IDC中国智慧城市大奖-优秀奖，2021-10-22.https://www.sohu.com/a/496323104_120135969.

[121] 无废城市信息化开启，看这两城如何"领跑"？.2020-10-09.https://www.citymine.com.cn/a/1386.html.

[122] 全国能源信息平台.深圳绿色快递迈向减量化可循环.2020-08-25.https://baijiahao.baidu.com/s?id=1675962333214101089&wfr=spider&for=pc.

[123] 孙学军.绿色物流理论与实践.北京：科学技术文献出版社，2019.

[124] 中国发展网.国务院办公厅转发《关于加快推进快递包装绿色转型的意见》.2020-12-14.https://baijiahao.baidu.com/s?id=1686037302174773849&wfr=spider&for=pc.

[125] 欧阳慧.绿色品牌包装创新研究.吉林：吉林大学出版社，2018.

[126] 孙学军.绿色物流理论与实践.北京：科学技术文献出版社，2019.

[127] 丰·送绿色美好生活.https://www.sf-express.com/cn/sc/download/20210318-IR7-2020-.pdf.

[128] 摆脱塑缚.为了绿色包装，看快递企业如何"各显神通".2020-11-27.https://baijiahao.baidu.com/s?id=1684442554433529977&wfr=spider&for=pc.

[129] 居立方韦小秀.德国都芳漆——您正确的选择.2016-12-20.https://www.meipian.cn/ajf2voi.

[130] 中国民主同盟吕梁市委员会，刘本旺.参政议政用语集修订本.北京：群言出版社，2015.

[131] 生态环境部固体废物与化学品司.无废城市建设：模式探索与案例.北京：科学出版社.2021.

[132] 废塑料新观察.联合国环境规划署｜塑料袋从诞生到禁止简史.2021-12-28.https://www.163.com/dy/article/GS9PQ4EH05414HNL.html.

[133] 金台资讯.多方全链路探索减塑方案 外卖包装华丽"变身".2020-12-08.https://baijiahao.baidu.com/s?id=1685467965070649103&wfr=spider&for=pc.

[134] 李婷婷，武子敬.实验室化学安全基础.西安：电子科技大学出版社，2016.

[135] 生态环境部.国家危险废物名录（2021年版）.2020-11-25.https://www.mee.gov.cn/gzk/gz/202112/t20211213_963867.shtml.

[136] 张霞.家庭危险废物管理探讨.环境科学与技术，2008，（4）：138-142.

[137] 深圳排放权交易所.深圳危险废物处置交易平台上线 将服务全市上万家企业.2021-01-08.https://www.mee.gov.cn/home/ztbd/2020/wfcsjssdgz/bczc/gnjy/202101/t20210108_816543.shtml.

[138] 王治坤，宋宗合.中国福利彩票公益发展蓝皮书.北京：中国社会出版社，2018.

[139] 回收旧衣服制成大棚保暖膜.现代营销（经营版），2015，（03）：33.

[140] 肖俊江，丁坤，罗智红，等.废旧纺织品回收再利用研究进展.纺织导报，2021，（07）：64-68.

[141] 张峥.旧衣改造，给你最时尚的绿色生活.2021-05-07.http://epaper.cnwomen.com.cn/html/2021-05/07/

nw.D110000zgfnb_20210507_1-8.htm.

[142] 谢新源.多元主体共治共享的垃圾分类体系——北京昌平区的"兴寿模式". http://www.lingfeiqi.org/sites/default/files/datadoc/duo_yuan_zhu_ti_gong_zhi_gong_xiang_de_la_ji_fen_lei_ti_xi_-bei_jing_shi_chang_ping_qu_de_xing_shou_mo_shi_ya_suo_ban_.pdf.

[143] 孙颖.2025年225平方公里内或趋零排放,亦庄试点的"无废城市"太强了.2019-11-21.https://baijiahao.baidu.com/s?id=1650779118850809216&wfr=spider&for=pc.

[144] 度看南京.活跃城市治理"因子",凝聚垃圾分类公众力量.2020-09-23.https://baijiahao.baidu.com/s?id=1678637046745003263&wfr=spider&for=pc.

[145] 中华人民共和国生态环境部.公民生态环境行为规范(试行).2020-06-02.https://www.mee.gov.cn/home/ztbd/2020/gmst/wenjian/202006/t20200602_782164.shtml.

[146] 中华人民共和国生态环境部.案例参考｜美国首座城市零废计划 - 波士顿零废在行动(上). 2019-08-06. https://www.mee.gov.cn/home/ztbd/2020/wfcsjssdgz/bczc/wfcsgjjy/201908/t20190815_728933.shtml.

[147] 约翰·卡瓦纳,杰瑞·曼德尔.全球经济突围.北京:中央编译出版社,2008.

[148] 郭燕.我国"零废弃"管理实践及意义研究.商场现代化,2014,(29):254-256.

[149] 零废国际联盟.零废宣言.https://zwia.org/zero-waste-declaration/.

[150] 中华人民共和国生态环境部.案例参考｜美国首座城市零废计划 - 波士顿零废在行动(下). 2019-08-06. https://www.mee.gov.cn/home/ztbd/2020/wfcsjssdgz/bczc/wfcsgjjy/201908/t20190815_728935.shtml

[151] 马建骥,邓俊.北京生活垃圾"零废弃"管理试点.建设科技,2010,(15):19-21.

[152] 零废弃联.盟零废弃之路中国实践.http://www.lingfeiqi.org/sites/default/files/datadoc/ling_fei_qi_zhi_lu_zhong_guo_shi_jian_xiao_.pdf.

[153] 中华人民共和国生态环境部.中新天津生态城"无废城市"建设试点　工作总结报告. 2021-03.https://www.mee.gov.cn/home/ztbd/2020/wfcsjssdgz/sdjz/ldms/202108/P020210825386987181499.pdf.